Oussama Oueslati
Moncef Ben-hammouda

Etude du Pouvoir Allélopathique de l'Orge

Oussama Oueslati
Moncef Ben-hammouda

Etude du Pouvoir Allélopathique de l'Orge

Hordeum vulgare L

Presses Académiques Francophones

Impressum / Mentions légales

Bibliografische Information der Deutschen Nationalbibliothek: Die Deutsche Nationalbibliothek verzeichnet diese Publikation in der Deutschen Nationalbibliografie; detaillierte bibliografische Daten sind im Internet über http://dnb.d-nb.de abrufbar.

Alle in diesem Buch genannten Marken und Produktnamen unterliegen warenzeichen-, marken- oder patentrechtlichem Schutz bzw. sind Warenzeichen oder eingetragene Warenzeichen der jeweiligen Inhaber. Die Wiedergabe von Marken, Produktnamen, Gebrauchsnamen, Handelsnamen, Warenbezeichnungen u.s.w. in diesem Werk berechtigt auch ohne besondere Kennzeichnung nicht zu der Annahme, dass solche Namen im Sinne der Warenzeichen- und Markenschutzgesetzgebung als frei zu betrachten wären und daher von jedermann benutzt werden dürften.

Information bibliographique publiée par la Deutsche Nationalbibliothek: La Deutsche Nationalbibliothek inscrit cette publication à la Deutsche Nationalbibliografie; des données bibliographiques détaillées sont disponibles sur internet à l'adresse http://dnb.d-nb.de.

Toutes marques et noms de produits mentionnés dans ce livre demeurent sous la protection des marques, des marques déposées et des brevets, et sont des marques ou des marques déposées de leurs détenteurs respectifs. L'utilisation des marques, noms de produits, noms communs, noms commerciaux, descriptions de produits, etc, même sans qu'ils soient mentionnés de façon particulière dans ce livre ne signifie en aucune façon que ces noms peuvent être utilisés sans restriction à l'égard de la législation pour la protection des marques et des marques déposées et pourraient donc être utilisés par quiconque.

Coverbild / Photo de couverture: www.ingimage.com

Verlag / Editeur:
Presses Académiques Francophones
ist ein Imprint der / est une marque déposée de
OmniScriptum GmbH & Co. KG
Heinrich-Böcking-Str. 6-8, 66121 Saarbrücken, Deutschland / Allemagne
Email: info@presses-academiques.com

Herstellung: siehe letzte Seite /
Impression: voir la dernière page
ISBN: 978-3-8381-4157-2

Copyright / Droit d'auteur © 2014 OmniScriptum GmbH & Co. KG
Alle Rechte vorbehalten. / Tous droits réservés. Saarbrücken 2014

La seule vraie science est la connaissance des faits.

Buffon, Histoire Naturelle

DEDICACE

A ma chère mère Rebah, A mon cher père Abed El-Hamid

A la mémoire de mon cher frère Chaden

A la mémoire de mes chères tantes Heddi et Saïda

Je dédie ce modeste travail en témoignage de ma profonde gratitude et de ma grande reconnaissance.

REMERCIEMENTS

Ce travail a été réalisé au Laboratoire de Physiologie de la Production Végétale de l'Ecole Supérieure d'Agriculture du Kef (ESAK), dans le cadre d'une collaboration avec le Laboratoire de Nutrition et Métabolisme Azotés (E 20 / C 09) de la Faculté des Sciences de Tunis.

Merci aux personnes qui dans le cadre de leur fonction ont contribué à la réalisation de ce travail.

Merci à Madame le Professeur Amel SALHI HANNACHI pour avoir accepté d'assurer l'encadrement de ce mémoire de thèse suite à la retraite de Monsieur le Professeur Mohamed Habib GHORBEL.

Merci à Monsieur le Professeur Mohamed Habib GHORBEL pour la confiance qu'il m'a accordée.

Merci au Docteur Moncef BEN-HAMMOUDA, Maître de Conférence à l'ESAK, qui a bien voulu diriger ce travail. Il m'a initié au domaine de l'allélopathie et n'a cessé de me suivre de prés et de me conseiller pour le bon déroulement de ce travail.

Merci aux membres du jury qui ont accepté d'évaluer ce mémoire de thèse.

Merci a l'Agence Française du Développement et le Programme Tunisien pour la Recherche et le développement, qui ont subventionné ce travail par le billet du projet Semis-Direct.

Merci aux Pr. Sami SAYADI et Mr. Hedi ISSAOUI du Centre de Biotechnologie de Sfax ainsi que Dr. Hichem BEN-SALEM de l'INRA-Tunis, qui m'ont accueillis au sein de leurs laboratoires respectifs et m'ont facilité la conduite des techniques analytiques.

Mes sincères remerciements s'adressent aussi aux cadres enseignant et technique de l'ESAK, en occurrence Pr. Bouzid NASRAOUI et Dr. Ali Aissa EDDALI.

Merci également à tous ceux qui ont contribué de prés ou de loin à la réalisation de ce travail: Je cite en particulier Mr. Khlil YAHYAOUI, Mr. Hédi HATTABI et Mme. Moufida SELMI.

TABLE DES MATIERES

AVANT PROPOS	1
INTRODUCTION GENERALE	3
PARTIE I. SYNTHESE BIBLIOGRAPHIQUE	9
1. Espèces allélopathiques	9
2. Substances allélochimiques	12
2. 1. *Mécanisme de défense*	14
2. 2. *Mode d'action*	15
3. Rôle des phénols dans l'allélopathie et le mécanisme de défense	16
3. 1. *Les phénols au niveau des tissus des plantes*	16
3. 2. *Les phénols et l'allélopathie*	17
3. 3. *Les phénols et le mécanisme de défense*	18
3. 4. *Mode d'action des phénols*	19
4. Effet des résidus de culture et le rôle de l'azote	20
5. L'allélopathie au niveau du sol	23
6. Rôle des micro-organismes	24
7. Intérêt pratique de l'allélopathie	25
PARTIE II. MATERIEL ET METHODES	29
1. Matériel végétal	29
1.1. *La variété 'Manel'*	29
1.2. *La variété 'Martin'*	30
1.3. *La variété 'Espérance'*	30
1.4. *La variété 'Rihane'*	31
2. Méthode	32
2. 1. *Essai sur champ*	32
2. 2. *Préparation des extraits-eau*	33
2. 3. *Préparation des extraits-eau-sol*	33
2. 4. *Milieu de croissance*	34
2. 5. *Bio-essais de germination*	34
2. 6. *Bio-essais de jeunes plantes*	34

2. 7. *Détermination des phénols-totaux*	35
2. 8. *Analyse qualitative et quantitative des acides phénoliques*	36
2. 9. *Analyse des données*	37

PARTIE III. RESULTATS 39

Chapitre I. INFLUENCE DE LA VARIETE ET DE LA SAISON SUR L'AUTOTOXICITE DE L'ORGE 40

1. Bio-essais de germination	41
2. Bio-essais de jeunes plantes, la croissance du coléoptile	42
2. 1. *Campagne agricole 99/00*	42
2. 2. *Campagne agricole 00/01*	42
2. 3. *Campagne agricole 01/02*	43
3. Bio-essais de jeunes plantes, la croissance de la radicule	44
3. 1. *Campagne agricole 99/00*	44
3. 2. *Campagne agricole 00/01*	45
3. 3. *Campagne agricole 01/02*	46
4. Effet de la campagne agricole	47
5. Effet de la variété	47
6. Effet de la composante de la plante	47
Annexe-A: (Tableaux, Figures)	48

Chapitre II. ROLE DES ACIDES PHENOLIQUES DANS L'EXPRESSION DE L'AUTOTOXICITE DE L'ORGE 55

1. Inhibition de la croissance de la radicule	56
2. Effet des extraits-eau sur le ratio: LC/LR	57
2. 1. *Campagne agricole 99/00*	57
2. 2. *Campagne agricole 00/01*	57
2. 3. *Campagne agricole 01/02*	58
3. Relation de l'inhibition de la croissance de la radicule avec les phénols-totaux	59
4. Relation de l'inhibition de la croissance de la radicule avec les acides phénoliques	60
5. Relation du ratio: LC/LR avec les phénols-totaux et les acides phénoliques	61

Annexe-B: (Tableaux, figures)   62

Chapitre III. POTENTIEL AUTO-TOXIQUE DIFFERENTIEL DES SOL CULTIVES AVEC QUATRE VARIETES D'ORGE   67
    1. Bio-essais de jeunes plantes   68
        1. 1. *Effet des extraits-eau-sol*   68
        1. 2. *Effet des extraits-eau de la plante entière*   69
    2. Analyse du contenu en phénols-totaux   70
    3. Analyse qualitative et quantitative des acides phénoliques   71
    Annexe-C: (Tableaux, figures)   73

PARTIE IV. DISCUSSION ET CONCLUSION   75
    1. Influence de la variété et de la saison sur l'auto-otxicité de l'orge   75
    2. Rôle des acides phénoliques dans l'expression de l'auto-toxicité De l'orge   76
    3. Potentiel auto-toxique différentiel des sols cultivés avec quatre variétés d'orge   79

PARTIE V. CONCLUSION GENERALE ET PERSPECTIVES   81

BIBLIOGRAPHIE   83

PARTIE VI. Articles   102
    ARTICLE I: Allelopathic effects of barley extracts on germination and seedlings growth of bread and durum wheat.
    ARTICLE II: Autotoxicity of barley.
    ARTICLE III: Barley autotoxicity as influenced by varietal and seasonal Variation.
    ARTICLE IV: Role of phenolic acids in expression of barley (*Hordeum vulgare*) autotoxicity.

LISTE DES ABREVIATIONS

ANOVA	: Analyse de la variance.
CA	: Campagne agricole.
CLHP	: Chromatographie liquide à haute performance.
CM	: Carré moyen.
CRBD	: Complete Randomized Block Design.
CRD	: Complete Randomized Design.
CP	: Composante de la plante.
DL	: Degré de liberté.
ESAK	: Ecole Supérieure d'Agriculture du Kef.
ETP	: Evapotranspiration potentielle.
F	: Test de Fisher.
FER	: Acide ferulique.
I	: Irrigation.
ICRO	: Inhibition de la croissance de la radicule de l'orge.
LC/LR	: Longueur du coléoptile/Longueur de la radicule.
p	: Probabilité.
PCO	: Acide p-coumarique.
pH	: Potentiel hydrogène.
POH	: Acide p-hydroxybenzoïque.
PPDS	: la plus petite différence significative.
PT	: Phénols-totaux.
r	: Coefficient de corrélation.
SAS	: Statistical Analysis System.
SC	: Somme des carrées.
SV	: Source de variation.
SYR	: Acide syringique.
VAN	: Acide vanillique.

ETUDE DU POUVOIR ALLELOPATHIQUE DE L'ORGE

RESUME : La culture de l'orge (*Hordeum vulgare* L.) est très répandue dans les régions du semi-aride Tunisien, comme deuxième paille et pour la production des grains, durant la même campagne. On a précédemment démontré l'allélopathie (auto-toxicité) différentielle des variétés d'orge. Le présent travail a été conduit pour: i) tester l'effet de la variété et des variations saisonnières sur l'expression du potentiel allélopathique/auto-toxique de l'orge; ii) identifier le rôle des phénols-totaux (PT) et de cinq acides phénoliques [p-hydroxybenzoïque (POH), vanillique (VAN), syringique (SYR), p-coumarique (PCO), ferulique (FER)] dans l'auto-toxicité de l'orge; et iii) au cours de la dernière campagne agricole (CA) (01/02), tester le potentiel auto-toxique des extraits-eau-sol des sols cultivés en orge et identifier le rôle des phénols dans l'expression d'un tel potentiel.

Quatre variétés ('Manel', 'Martin', 'Espérance', 'Rihane') ont été conduites au champ, durant trois CA (99/00, 00/01, 01/02). Des bio-essais (germination, croissance de jeunes plantes) ont été initiés pour tester l'allélopathie de l'orge. Une variété-test d'orge 'Manel', a été considérée. L'auto-toxicité de l'orge variait entre les variétés pour la même CA. L'effet CA paraît être associé à la variabilité de la pluviométrie mensuelle. Les différentes composantes de la plante (CP) d'orge ont exprimé un effet auto-toxique différentiel tout le long des trois CA, avec les tiges comme la source d'extraits-eau la plus auto-toxique.

Les résultats ont montré que le contenu en PT était associé à l'auto-toxicité de l'orge uniquement pour la deuxième (00/01) CA. Seules, les tiges ont contribué significativement à l'auto-toxicité de l'orge par leur contenu en PT indépendamment de la CA. 'Rihane' était l'unique variété testée dont l'effet inhibiteur était corrélé à son contenu en PT. Le ratio: longueur du coléoptile/longueur de la radicule (ratio: LC/LR) de la variété-test était généralement stimulé par les extraits-eau des CP d'orge. Autrement dit c'est la croissance des racines qui était plus affectée que celle de la partie aérienne de la plante.

Les concentrations de trois acides phénoliques (POH, SYR, PCO) étaient significativement corrélées à l'auto-toxicité de l'orge. Le POH était l'acide phénolique le plus hautement associé ($r = 0,31$; $p < 0,05$). Le VAN, le plus fréquent parmi les CP n'était pas impliqué. L'auto-toxicité de l'orge parait être associée aux effets qualitatifs et synergiques des trois acides phénoliques spécifiques (POH, SYR, PCO) plutôt qu'aux contenus en PT. Le FER, le moins fréquent parmi les CP, était l'unique acide phénolique significativement corrélé ($r = 0.41$; $p < 0,05$) à la stimulation du ratio: LC/LR.

Au cours de la troisième (01/02) CA, les bio-essais de croissance de la radicule ont permis de mettre en évidence l'auto-toxicité des extraits-eau-sol de sols cultivés en orge. L'effet inhibiteur des extraits-eau des sols cultivés en orge était significatif, indiquant que des substances allélochimiques inhibitrices étaient libérées (lessivage et/ou exsudation) par l'orge dans le sol. Parmi les CP d'orge, seules les extraits-eau-tiges ont manifesté une auto-toxicité négativement corrélée ($r = -0,99$; $p < 0.05$) avec le contenu en PT des extraits-eau-sol. Un tel résultat suggère, que les variétés d'orge ayant les tiges les plus phyto-toxiques, sont celles qui libèrent le moins de phénols dans le sol.

Aucun des cinq acides phénoliques ciblés n'était significativement corrélé à l'auto-toxicité des extraits-eau-sol. Deux de ces acides (SYR, PCO) sont libérés par l'orge dans le sol. Ces résultats obtenus durant une seule CA, ne fournissent pas de données suffisantes pour se prononcer sur le rôle des phénols, dans l'expression de l'allélopathie de l'orge.

Mots-clés: allélopathie, auto-toxicité, orge, composantes de la plante, variété, campagne agricole, bio-essais, phénols-totaux, acides phénoliques.

ETUDE DU POUVOIR ALLELOPATHIQUE DE L'ORGE

AVANT PROPOS

Cette thèse s'inscrit dans le cadre de la continuité d'un travail de DEA, initié durant la campagne agricole 96/97 et intitulé «Mise en évidence de l'allélopathie chez la variété d'orge 'Rihane' (*Hordeum vulgare* L.)». Au cours de ce travail le potentiel allélopathique différentiel de l'orge a été identifié sous forme d'hétéro-toxicité en vers le blé dur et le blé tendre; et sous forme d'auto-toxicité, ceci au cours de quatre stades phénologiques du cycle de développement de la plante d'orge: stade 4 (montée de la pseudo-tige), stade 8 (apparition de la feuille drapeau), stade 10 (apparition des barbes) et stade 11 (maturité physiologique du grain). Ce qui a donné lieu à deux publications :

- Ben-Hammouda, M., Ghorbal, H., Kremer, R. J., **Oueslati, O.** 2001. Allelopathic effects of barley extracts on germination and seedlings growth of bread and durum wheat. Agronomie. 21: 65-71.
- Ben-Hammouda, M., Ghorbal, H., Kremer, R. J., **Oueslati, O.** 2002. Autotoxicity of barley. J. Plant Nutr. 25: 1155-1161.

Ce travail de DEA a été précédé par un travail préliminaire intitulé «A germination bioassay to test the allelopathic potential of barley» où le potentiel allélopathique de l'orge a été mis en évidence pour la première fois, en se basant sur un bio-essai de germination.

Ce travail de thèse est le fruit d'une collaboration entre le Laboratoire de Nutrition et Métabolisme Azoté de la Faculté des Sciences de Tunis, dirigé par le Pr. Mohamed Habib GHORBAL et le Laboratoire de Physiologie de la Production Végétale de l'Ecole Supérieure d'Agriculture du Kef, dirigé par Dr. Moncef BEN-HAMMOUDA. L'essentiel du travail a été réalisé au sein du Laboratoire de Physiologie de la Production Végétale. Ce travail a permit d'étudier l'effet de la variété et des variations saisonnières sur l'expression de l'auto-toxicité de l'orge. Ces résultats présentent l'originalité d'avoir identifier trois acides phénoliques comme les substances allélochimiques à l'origine de l'allélopathie exprimée par l'orge.

Le présent travail a donné lieu à deux publications :

- Oueslati, O., Ben-Hammouda, M., Ghorbal, H., Gazzeh, M., Kremer, R. J. 2005. Barley auto-toxicity as influenced by varietal and seasonal variation. J. Agron. Crop Sci. 191: 249-254.
- Oueslati, O., Ben-Hammouda, M., Ghorbal, H., Gazzeh, M., Kremer, R. J. 2005. Role of five phenolic acids in expression of barley (*Hordeum vulgare*) auto-toxicity. Allelopathy J. 23: 157-166.

Ainsi qu'une communication orale au cours du 3rd World Congress on Conservation Agriculture qui s'est tenu du 3 au 7 Octobre 2005 a Nairobi. Kenya.

- Communication orale: Auto-toxicity of barley residues in direct sowing.

Et une communication par affiche au 6th World Congress on Allelopathy qui s'est déroulé du 15 au 19 Décembre 2011 à Guangzhou. Chine.

- Differential auto-toxicity of soils cultivated with four barley varieties.

INTRODUCTION GENERALE

Plusieurs travaux ont rapporté l'effet dépressif allélopathique des résidus de culture sur les rendements (grains, paille) d'une culture en succession. Cet effet est d'autant plus amplifié avec la pratique du semis sur couverture végétale (semis direct), à cause de l'accumulation des résidus sur le sol. Plusieurs céréales possèdent des propriétés allélopathiques incluant des cultures telles que le blé tendre (*Triticum aestivum* L.) (Christian et al., 1999; Al Hamdi et al., 2001), le blé dur (*Triticum durum* L.) (Ben-Hammouda et al., 2003; Oueslati, 2003), l'avoine (*Avena sativa* L.) (Guenzi et al., 1967), le sorgho-grains [*Sorghum bicolor* (L.) Moench.] (Ben-Hammouda et al., 1995-a; Roth et al., 2000) et le seigle (*Secale cereale* L.) (Raimbault et al., 1990). Les longueurs des racines et des plantes entières du seigle, de la folle avoine (*Avena ludoviciana* L.) et du liseron des champs (*Convolvulus arvensis* L.) ont été réduit en présence de plantes de blé sur un milieu gélosé (Labbafi et al., 2010). Les lessivas des résidus secs de la sétaire géante (*Setaria faberii* Herrm.) ont réduit la croissance du maïs (*Zea mays* L.) (Bell et Koeppe, 1972). Les résidus du seigle et du blé peuvent potentiellement être utilisés pour arrêter la levée d'une mauvaise herbe, l'herbe dure (*Sida spinosa* L.) (Blum et al., 1997). Les extraits-eau d'avoine et d'orge ont réduit la germination et la croissance des racines de mauvaises herbes annuelles d'hiver, comme le brome des mures (*Bromus tectorum* L.), la sagesse des chirurgiens (*Descurainia sophia* L. Webb) et le thlaspi (*Thlaspi arvense* L.) (Moyer et Huang, 1997). Sous conditions contrôlées, les extraits-eau de pousses d'avoine ont inhibé la germination et la croissance de la radicule et de l'hypocotyle de la laitue (*Lactuca sativa* L.) (Kato-Noguchi et al., 1994-a). Les tissus de jeunes plantes de maïs ont manifesté un effet inhibiteur sur la croissance des racines et des pousses d'avoine et du ray-grass d'Italie (*Lolium multiflorum* Lam.) (Kato-Noguchi et al., 1998).

Les substances allélochimiques produites par l'orge (*Hordeum vulgare* L.) ont réduit la longueur de la radicule ainsi que la vigueur des extrémités des racines de la moutarde blanche (*Sinapis alba* L.), une mauvaise herbe (Liu et Lovett, 1993-b). Les extraits-eau des résidus de culture prélevés à partir d'un sol où l'orge a été cultivée, ont réduit significativement la longueur de jeunes plantes ainsi que le poids de matière sèche de la luzerne (*Medicago sativa* L.), du blé d'hiver et du radis (*Raphanus sativus* L.) (Read et Jensen., 1989). L'orge a exprimé un potentiel allélopathique inhibiteur pour la croissance de jeunes plantes de blé dur et de blé tendre (Ben-Hammouda et al., 2001). Les extraits de feuilles de cultivars de la même espèce ont fortement inhibé le pourcentage de germination ainsi que la croissance de jeunes plantes de moutarde brune (*Brassica juncea* L.) et de la sétaire verte (*Setaria viridis* L.) (Asghari et Tewari, 2007). De même, les extraits des différentes parties (racines, tiges, feuilles) de l'orge ont inhibé la germination et la croissance de jeunes plantes de l'ivraie raide (*Lolium rigidum* gaud.) avec les extraits des feuilles ayant l'effet le plus inhibiteur (Kolahi et Kolahi, 2008).

Les phénols forment un groupe de produits chimiques largement répandus dans la nature. Ils sont caractérisés par la présence d'un noyau aromatique avec un ou plusieurs groupes hydroxyles et sont formés d'alcaloïdes, flavénoïdes, terpenoïdes et glucosides (Appel, 1993). Les groupes de phénols les plus importants sont les flavénoïdes, les acides phénoliques et les polyphénols, avec ces derniers connus sous le nom de tannins (King et Young, 1999). Les phénols sont des métabolites secondaires produits à travers des voies métaboliques primaires (Whittaker et Feeny, 1971).

Les acides phénoliques sont connus pour leur rôle dans l'allélopathie d'un grand nombre de résidus de culture tels que le blé tendre (Baghestani et al., 1999; Wu et al., 2000 et 2001-a), l'avoine (Baghestani et al., 1999), le riz (*Oryza sativa* L.) (Rimando et al., 2001) et le sorgho-grains (Ben-Hammouda et al., 1995-b). Les résidus de blé et d'orge ont libéré dans l'environnement de l'acide ferulique (Sancho et al., 2001). Sept acides phénoliques (p-hydroxybenzoïque, vanillique, cis-p-coumarique, syringique, cis-ferulique, trans-p-coumarique, trans-ferulique) ont été identifiés dans les exsudats racinaires de jeunes plantes de blé tendre âgées de 17 jours (Wu et al., 2001-a). Des accessions de blé tendre étaient significativement différentes dans la production des acides phénoliques. Les accessions les plus allélopathiques sont celles qui avaient un niveau élevé d'acides phénoliques dans les pousses et les racines et ce sont celles qui exsudaient les plus grandes quantités de ces substances allélochimiques (Wu et al., 2000; Wu et al., 2001-a; Wu et al., 2001-c). Les racines de sorgho-grains ont exsudées les acides p-hydroxybenzoïque, vanillique et syringique qui pourraient augmenter le potentiel allélopathique total exprimé par la plante (Ben-Hammouda et al., 1995-b).

L'allélopathie interagit avec différents stress environnementaux, tels que les températures élevées, l'irradiation, la limitation des substances nutritives et l'attaque par les ravageurs qui accroissent la production des substances allélochimiques, augmentant ainsi le potentiel allélopathique (Einhellig, 1996). Des températures élevées ainsi qu'un déficit en nitrates ont augmentés le contenu des feuilles d'orge (*Hordeum* spp.) en gramine, ce qui était à l'origine de l'accroissement de la résistance au puceron (Hanson et al., 1983; Corcuera, 1993; Liu et Lovett, 1993-b). Des métabolites secondaires tels que la gramine et la hordenine jouent un rôle dans l'expression du potentiel allélopathique exprimé par l'orge et interviennent dans le mécanisme de défense de la plante contre des ravageurs tels que les champignons et les larves des vers (Lovett et Hoult., 1995). La gramine, est un indole protoalcaloïde qui a été identifiée dans les feuilles de deux espèces d'orge (*vulgare*, *spontaneum*) (Yoshida et al., 1993). Le contenu en phénols de l'orge est plus influencé par les conditions de croissance que par la variété (Jacobsen et Lie, 1974).

Le sol, un système biologique vivant accueillant entre autres les végétaux, est le siège d'interactions entre les plantes (allélospolie, allélopathie). Les facteurs biotiques et abiotiques ainsi que les caractéristiques du sol (matière organique, capacité d'échange cationique, ions organiques) influencent significativement l'activité des substances allélochimiques (Inderjit, 2001). Plusieurs travaux ont rapporté des activités allélopathiques liées au sol. Des extraits-eau-sol où le blé d'hiver a été conduit en zéro-labour ont montré une production importante de substances allélochimiques durant l'inter-saison et après la moisson (Cast et al., 1990). Un sol où des résidus de luzerne ont été incorporés a inhibé fortement la croissance d'une mauvaise herbe pied de coq (*Echinochloa Crus-galli* Beauv.) (Xuan et al., 2005). De même des extraits-eau-sol où des résidus de trèfle des prés (*Trifolium pratense* L.) sont incorporés, ont réduit la croissance de la radicule de la moutarde sauvage (*Sinapis arvensis* L.). Cette réduction était hautement corrélée à la concentration des phénols solubles dans le sol (Ohno et al., 2000). Quatre acides phénoliques (p-hydroxybenzoïque, vanillique, p-coumarique, ferulique) ont été identifié en très faibles quantités dans quatre types de sols manifestant un effet inhibiteur sur la croissance des plantes (Whitehead, 1964). Un sol stérile de type terreau-sableux, a transformé le 2 (3H)-benzoxazolone, un métabolite du seigle, en 2-amino-3H-phenoxazine-3-1, une substance inhibitrice pour l'élongation de la radicule du pied de coq (Gagliardo et Chilton, 1992). Des substances auto-toxiques ont été identifiées dans deux types de sols (sableux, argileux) où la luzerne a été cultivée, avec le sol sableux ayant un effet plus inhibiteur pour la croissance de jeunes plantes que le sol argileux (Jennings et Nelson, 1998). Les substances allélochimiques sont souvent exsudées par les racines dans la rhizosphère. En effet, le blé a exsudé des composés allélopathiques au stade de jeunes plantes lui permettant de réduire la croissance de l'ivraie rigide (Wu et al., 2001-b). Les racines du sorgho-grains ont exsudé trois acides phénoliques (p-hydroxybenzoïque, vanillique, syringique) qui pourraient contribuer à l'expression du potentiel allélopathique total du sorgho (Ben-Hammouda et al., 1995-b). Les exsudats racinaires du riz ont inhibé la germination du phalaris (*Phalaris minor* Retz), une mauvaise herbe (Om et al., 2002).

Le présent travail a été initié en 99/00 avec quatre variétés d'orge ('Manel', 'Martin', 'Espérance', 'Rihane') et s'est étalé sur 3 campagnes agricoles (CA) (99/00, 00/01, 01/02). Il se décompose en trois chapitres:
- Le premier volet, vise à étudier la variation du potentiel allélopathique/auto-toxique des composantes de la plante (CP) (racines, feuilles, tiges, grains) de

l'orge au sein et entre les variétés d'orge durant les trois CA qu'a duré l'étude, sur la base de bio-essais de germination et de croissance de jeunes plantes. En plus, l'influence que pourrait exercer certains facteurs climatiques sur l'expression d'un tel potentiel a été considérée.

- Le deuxième volet, vise dans un premier temps a étudier l'effet des extraits-eau de l'orge sur le ratio: longueur du coléoptile/longueur de la radicule (ratio: LC/LR) de la plante d'orge durant les trois CA. Dans un deuxième temps on a cherché à tester le rôle des acides phénoliques dans l'expression du potentiel auto-toxique de l'orge. Pour quantifier les phénols-totaux (PT), par méthode colorimétrique, une molécule de référence a été choisie: l'acide tannique. Cinq acides phénoliques [p-hydroxybenzoïque (POH), vanillique (VAN), syringique (SYR), p-coumarique (PCO), ferulique (FER)] on été ciblés et analysés par chromatographie liquide à haute performance (CLHP).

- Le troisième et dernier volet, vise à étudier le potentiel auto-toxique exprimé par les sols cultivés en orge et par les extraits-eau de la plante entière; et à identifier le rôle des phénols dans l'expression d'un tel potentiel. Ce travail préliminaire a été mené, uniquement pour la troisième CA (01/02). Cette dernière étude ne peut pas fournir de données suffisante pour ce prononcer su le role des phénols. Elle a été menée afin de voir la tendance de la relation: auto-toxicité des sols cultivé en orge et les phénols.

La démarche suivie pour présenter ce travail est la suivante:

Une première partie, consacrée à une synthèse bibliographie rapportant en particulier: i) l'effet allélopathique exprimé par certaines plantes, ii) les substances allélochimiques (nature, rôle dans le mécanisme de défense chez les plantes, mode d'action), iii) les phénols, en tant que substances allélochimiques, iv) effet des résidus de culture sur les cultures en succession, v) l'activité allélopathique au niveau du sol et vi) intérêt pratique de l'allélopathie.

Une seconde partie ayant pour objet d'expliciter notre démarche expérimentale: matériel végétal et méthode (conduite sur champs, bio-essais, techniques analytiques, analyse statistique des données).

Une troisième partie présentant les résultats obtenus:

- Influence de la variété et de la saison sur l'auto-toxicité de l'orge.
- Rôle des acides phénoliques dans l'expression de l'auto-toxicité de l'orge.
- Potentiel auto-toxique différentiel des sols cultivés avec quatre variétés d'orge.

Une quatrième partie dédiée aux résultats obtenus ainsi que la discussion de ces résultats. Enfin une cinquième partie destinée à la conclusion générale du travail ainsi que la perspective qu'offre un tel travail.

PARTIE-I

SYNTHESE BIBLIOGRAPHIQUE

1. Espèces allélopathiques

L'allélopathie a été définie en 1996 par la Société Internationale de l'Allélopathie (IAS) comme tout processus impliquant des métabolites secondaires produits par les plantes, les microorganismes, les virus et les champignons et qui influencent la croissance et le développement de systèmes agricoles et biologiques, incluant les effets positifs (stimulation) et négatifs (inhibition) (Torres et al., 1996). Cette définition distingue l'allélopathie de l'allélospolie qui est la science qui étudie la compétition entre deux ou plusieurs espèces pour les ressources du milieu (nutriments, eau, lumière) (Putnam et Duke, 1978).

Le potentiel allélopathique de plusieurs céréales a été identifié sous conditions contrôlées de laboratoire, par le biais de bio-essais de germination et de croissance de jeunes plantes, tel que les cas de l'orge (Moyer et Huang, 1997; Ben-Hammouda et Oueslati, 1999; Ben-Hammouda et al., 2001; 2002), du blé dur (Oueslati, 2003; Oueslati et al, 2004), du blé tendre (Wu et al., 2000; 2001-d), de l'avoine (Kato-Noguchi et al., 1994-a), du riz (Ebana et al., 2001) et du sorgho-grains (Ben-Hammouda et al., 1995-a). Autres techniques plus élaborées, essentiellement analytiques telle que la chromatographie liquide à haute performance est utilisée pour identifier les substances allélochimiques (Ben-Hammouda et al., 1995-b), la chromatographie en phase gazeuse (Finney et al., 2005) ou le couplage de la chromatographie gazeuse avec la spectrométrie de masse pour le blé tendre (Wu et al., 2000).

L'allélopathie de l'orge a été identifiée sous forme d'auto-toxicité (Ben-Hammouda et al., 2002) et d'hétéro-toxicité pour le blé dur et le blé tendre (Ben-Hammouda et al., 2001). Dans un travail plus récent l'orge a manifesté un effet hétéro-toxique qui s'est manifesté par l'inhibition de la germination et de la croissance de jeunes plantes d'ivraie rigide (Kolahi et Kolahi, 2008). Les résidus d'avoine et d'orge étaient toxiques pour la germination et la croissance de jeunes plantes d'une mauvaise herbe, le brome des mures (Moyer et Huang, 1997). Les extraits de tissus de pousses de blé, collecté avant la moisson, ont manifesté un effet allélopathique auto-toxique (Wu et al., 2007). Les extrait-feuille du [*Prosopsis juliflora* (Sw.) DC.] ont causé une inhibition prononcée de la germination et de la longueur des racines du blé (Siddiqui et al., 2009). Des extraits-eau de pousses d'avoine ont inhibé la germination et la croissance des racines et de l'hypo-cotyle de la laitue pour des concentrations supérieures à 0.03 et 0.1 M, respectivement (Kato-Noguchi et al., 1994-a). Les extraits-méthanol des feuilles de 26 accessions d'une céréale (*Triticum speltoides* Tausch.) ont réduit la longueur de la racine de l'avoine sauvage (*Avena spp.*) (Quader et al., 2001). Les extraits-eau de résidus (racines, tiges, feuilles) de blé dur ont exprimé un potentiel allélopathique qui s'est manifesté sous forme d'auto-toxicité et d'hétéro-toxicité sur l'orge et le blé tendre. Les extraits-eau des feuilles de deux variétés ('Karim', 'Om rabii') de blé dur, ont montré un effet dépressif sur la germination et la croissance de la radicule de l'orge et du blé tendre (Oueslati, 2003; Oueslati et al, 2004). La culture du blé d'hiver sur un sol amendé par une litière provenant du peuplier deltoïde (*Populus deltoides*) a provoqué une réduction de la longueur des pousses de blé ainsi que leur poids sec (Singh et al., 2001). Les extraits-eau de résidus de blé ont exprimé un effet auto-toxique qui s'est manifesté par l'inhibition de la germination et de la croissance des jeunes plantes de façon différentielle (Guenzi et al., 1967; Wu et al., 2007). Des extraits-eau non stérilisés d'avoine et de soja [*Glycine max* (L.) Merr] ont réduit de 34 % la longueur de la radicule et des racines secondaires du maïs (Martin et al., 1990). Les extraits-eau-feuilles de deux cultivars de riz ont inhibé la croissance de la laitue (Ebana et al., 2001). De même les extraits-eau tièdes de son de 91 cultivars de riz ont montré un effet inhibiteur sur la germination, la croissance de jeunes plantes et le poids sec du pied de coq, une mauvaise herbe qui infeste les rizières (Ahn et Chung, 2000). Toutes les composantes de la plante du sorgho-grains, collectées au stade de maturité ont eu un effet inhibiteur sur la croissance de jeunes plantes de blé tendre (Ben-Hammouda et al., 1995-a).

L'effet phyto-toxique des extraits-eau de luzerne sur la germination et la croissance de jeunes plantes de maïs variait significativement avec le stade de croissance et la saison (Guenzi et al., 1964). L'auto-toxicité de la luzerne s'est manifestée par une réduction de 46 % de la densité racinaire et de 54 % de la longueur des poils absorbants (Hegde et Miller, 1992). Les extraits-eau de feuilles de deux légumineuses, le niébé [*Vigna unguiculata* (L.) Walp.]; et le chanvre du Bengale (*Crotalaria juncea* L.) ont inhibé la germination de l'amarante livide (*Amaranthus lividus* L.) (Adler et Chase, 2007).

Pour une concentration de 80 g/l en poids sec, les extraits-eau du millet à chandelles (*Pennisetum glaucum* L.) ont montré un potentiel auto-toxique qui s'est manifesté par une réduction importante de la germination (40-60 %), de la longueur de la racine de la pousse ainsi que la matière sèche (Saxena et al., 1996). De même, la germination et la croissance de la jeune plante de cette Poaceae ont été inhibées par les résidus de la fagonie (*Fagonia indica* L.). Cette inhibition était plus prononcée sur la croissance de la racine que sur celle de la pousse (Sharmak et Gehlot, 2003). Les lessivas de résidus matures de la sétaire géante, une Poaceae, ont inhibé de 35 % la croissance du maïs (Bell et Koeppe, 1972). Les extraits-eau des tissus de la moutarde noire [*Brassica nigra* (L.) Koch.] ont inhibé la germination, la longueur et le poids de l'hypo-cotyle de l'orge sauvage (*Hordeum spontaneum* Koch.) (Tawaha et Turk, 2003). Les extraits-eau des feuilles du lantanier (*Lantana camara* L.) ont inhibé la germination et la croissance de jeunes plantes de ray-grass d'Italie (Singh et al., 1989). De même des extraits (eau, méthanol) de feuilles de la laitue ont inhibé la germination et la croissance de la racine de la luzerne. Les extraits méthanol avaient l'effet inhibiteur le plus prononcé sur la croissance de la racine (Chon et al., 2005).

2. Substances allélochimiques

Les substances chimiques libérées par les plantes et qui sont à l'origine d'effets allélopathiques sont connues sous le nom de substances allélochimiques ou allochèmes. La plupart d'entre elles sont classées comme des métabolites secondaires et produits de ramifications de voies métaboliques primaires (Whitaker et Feeny,

1971). Les substances allélochimiques actives contre les plantes supérieures sont inhibitrices pour la germination des graines, causant des réductions de la croissance des racines et des méristèmes ou inhibant la croissance de jeunes plantes (Einhellig, 1995). La distinction entre l'effet allélopathique et la compétition au niveau du champ, peut être réalisée par l'utilisation du carbone actif qui a pour effet d'éliminer les substances allélochimiques ainsi que leur effet inhibiteur (El-Khatib, 1997). La libération des substances allélochimiques dans l'environnement s'effectue par quatre processus: volatilisation, lessivage, décomposition des résidus dans le sol et l'exsudation par les racines (Connick et al., 1989; Tongma et al., 1999; Xuan et al., 2005; Om et al., 2002).

Un grand nombre de composés a été identifié comme ayant un rôle dans l'activité allélopathique chez les végétaux supérieurs de façon générale et chez les céréales en particulier. Deux alcaloïdes (hordenine, gramine) sont deux substances allélochimiques libérées par les racines de l'orge, capables de retarder la germination, d'inhiber significativement la longueur de la radicule de la moutarde blanche (Liu et Lovett, 1993-a; 1993-b). L'acide hydroxamique: 2,4-dihydroxy-7-methoxy-1,4-benzoxazin-3-un (DIMBOA) est une substance allélochimique identifiée au niveau des exsudats de 58 accessions blé tendre (Wu et al., 2001-b). L'acide jasmonique est une autre substance allélochimique identifiée dans les exsudats racinaires du blé tendre (Dathe et al., 1994). Le benzoxazinone est une substance allélochimique impliquée dans l'allélopathie du seigle (Finney et al., 2005). Le L-tryptophane, est une substance allélochimique, isolée à partir des extraits-eau de pousses d'avoine, provoquant l'inhibition de la croissance des racines et de l'hypocotyle de la laitue, du riz, du blé tendre et de l'avoine (Kato-Noguchi et al., 1994-a; 1994-b). Des plantes de riz âgées de 7 jours ont exsudé le momilactone B, qui a inhibé la croissance de jeunes plantes de cresson Alénois (*Lepidium sativum* L.) et de la laitue pour des concentrations, respectivement supérieures à 3 et 30 µM. Cette substance allélochimique était exsudée durant tout le cycle biologique de la plante, avec le taux le plus faible après la floraison (Kato-Noguchi et Ino, 2003; Kato-Noguchi et al., 2002 et 2003). Dans un travail plus récent, un grand nombre de composés tels que des acides phénoliques, des acides gras, des indoles et des terpènes ont été identifié au niveau des exsudats et des résidus en décomposition du riz, qui pourrait avoir un rôle dans l'expression du potentiel allélopathique de la plante (Kato-Noguchi, 2008). Le contenu de pousses et de racines de jeunes plantes de maïs en benzoxazolinone (5-chloro-6-methoxy-2-benzoxazolinone) était couplé à leur effet inhibiteur de la croissance de l'avoine, du ray-grass d'Italie et de la laitue (Kato-Noguchi et al., 1998). Dans des travaux antérieurs, l'acide phénylacétique est une autre substance allélopathique qui a été isolée dans le pollen du maïs (Anaya et al., 1992). Les exsudats racinaires du sorgho-grains contiennent une hydroquinone qui s'oxyde rapidement en une p-benzoquinone connue sous le nom de sorgoléone ayant un effet inhibiteur sur la croissance des mauvaises herbes a des concentrations extrêmement faibles, contribuant fortement à l'allélopathie du sorgho (Einhellig et Souza, 1992). Cette substance a été identifiée aussi dans les exsudats du sorgho-fourrager (*Sorghum bicolor* × *Sorghum sudanese*), du sorgho-grains et d'une mauvaise herbe, le sorgho d'Alep [*Sorghum halepense* (L.) Pers.], (Czarnota et al., 2001). Deux autres substances allélochimiques (dhurrin, taxiphylline) ont été déjà isolées à partir du rhizome du sorgho d'Alep, inhibant la croissance des racines de jeunes plantes de tomate (*Solanum lycopersicum* L.) et de radis (Nicolier et al., 1983). Abandonnés à la surface du sol, les résidus du seigle ont libéré le 2,4-dihydroxy-1, 4 (2H)-benzoxazin-3 (DIBOA) qui se transforme en 2(3H)-benzoxazalinone (BOA), tous deux fortement inhibiteurs de la germination et de la croissance de jeunes plantes de mauvaises herbes comme l'éleusine Indienne [*Eleusine indica* (L.) Gaertner] (Putnam et al., 1990; Burgos et al., 1999). Le l-DOPA, un acide aminé qui n'est pas très commun chez les plantes, a été identifié comme ayant un rôle dans l'allélopathie du pois Mascate [*Mucuna pruriens* (L.) DC.], une légumineuse. De même un cyanamide a été identifié comme étant une substance allélochimique chez la vesce velue (*Vicia villosa* Roth.) (Fujii, 2003). Les xanthoxines sont des substances allélochimiques isolées à partir d'extraits-méthanol de feuilles d'une autre légumineuse la puéraire (*Puereria thumbergiana* Benth.). Ces substances inhibent la croissance de racines de jeunes plantes de cresson Alénois (Kato-Noguchi, 2003).

2. 1. *Mécanisme de défense*

Plusieurs études ont démontré l'influence de l'environnement sur la production de substances allélochimiques. En effet, des plantes de maïs soumise à un stress allélopathique provenant de lessivas de tabac (*Nicotiana plumbaginifolia*) ont été plus affecté par le stress hydrique que des témoins non soumis à ces lessivas (Singh et al., 2009). L'augmentation de la concentration de deux acides hydroxamiques cycliques (DIMBOA, BOA) chez des jeunes plantes de maïs a été observée suite un stress hydrique (Richardson et Bacon, 1993). Des plantes de tournesol du Mexique [*Tithonia diversifolia* (Hemsl.) A. Gray] soumises à un stress hydrique contenait plus de composés allélochimiques que des plantes non stressées (Tongma et al., 2001). La hausse de la température et la disponibilité des nitrates augmentent le contenu des feuilles d'orge en gramine, un alcaloïde impliqué dans la résistance au puceron (Corcuera, 1993). La production par l'orge de métabolites secondaires tels que la gramine et la hordenine pourrait être liée au mécanisme de défense développé par la plante (Liu et Lovett, 1993-b; Lovett et al., 1994). L'effet inhibiteur de ces deux substances sur le champignon (*Drechslera teres*), agent de la maladie de la rayure réticulée des feuilles d'orge et sur des larves d'un ver (*Mythimna convecta*), suggère que leur synthèse est une forme de résistance à ces organismes (Lovett et Hoult., 1995). Sous stress thermique, l'accumulation de gramine au niveau des feuilles de deux cultivars d'orge a augmenté et en même temps l'auto-toxicité est devenue plus prononcée (Hanson et al., 1983). Des alcaloïdes, tels que la berbérine, la palmatine et la sanguinarine sont des substances allélochimiques toxiques pour les insectes, les herbivores, les bactéries, les champignons et les virus. Ces alcaloïdes pourraient être les médiateurs d'une défense chimique pour les plantes qui les produisent contre des facteurs biotiques (Schmeller et al., 1997).

2. 2. *Mode d'action*

L'action de certaines substances allélochimiques au niveau moléculaire est maintenant connue. L'action primaire sur l'ATP de deux quinones: juglone et sorgoléone (substances allélochimiques) a été établie, affectant tous les deux, fortement les fonctions de la mitochondrie. En plus, la juglone a réduit le contenu en chlorophylle et la photosynthèse nette chez la lentille d'eau (*Lemna minor* L.) avec des doses de 10-40 µM (Hejl et al., 1993; Einhellig, 1995; Schmeller et al., 1997). L'acide secalonique, une substance allélochimique majeure produite par un champignon, l'aspergillus (*Aspergillus japonicus*), a déstabilisé la structure des chloroplastes, des mitochondries ainsi que celle des noyaux des tissus traités, de plantes de sorgho. Cette substance a aussi causé une réduction du taux de photosynthèse du concombre et du riz (Zeng et al., 2001). L'étude de l'effet de deux mono-terpènes volatiles (1,4-cineole, 1,8-cineole) sur deux mauvaises herbes [pied de coq, cassier sauvage (*Cassia obtusifolia* L.)] a montré que le premier a réduit l'efficacité photosynthétique alors que le second a inhibé tous les stades de la mitose (Romagni et al., 2000).

3. Rôle des phénols dans l'allélopathie et le mécanisme de défense
3. 1. *Les phénols au niveau des tissus des plantes*

Les plantes contiennent différents composés phénoliques au niveau de leurs tissus. Les acides phénoliques (p-hydroxybenzoïque, vanillique, syringique, trans-p-coumarique, cis-p-coumarique, trans-ferulique, cis-ferulique) ont été identifiés au niveau des pousses et des racines de 58 accessions de blé tendre (Wu et al., 2000; Wu et al., 2001-c). Les mêmes acides phénoliques se retrouvent au niveau des exsudats racinaires de ces accessions blé tendre (Wu et al., 2001-a). Les extraits-eau butylhydroxytoluène des grains sans téguments de trois cultivars d'avoine contiennent huit acides phénoliques dont deux (p-coumarique, ferulique) ont des concentrations qui ne variaient pas entre les cultivars et les sites de culture (Emmons et Peterson, 2001). De même, les tissus frais de pousses de la même espèce contiennent quatre acides phénoliques (p-hydroxybenzoïque, vanillique, p-coumarique, ferulique) sous forme libre ou liés aux protéines (Newby et al., 1980). Des esters d'acides ferulique et p-coumarique ont été identifiés dans les tissus de l'écorce et de la moelle prélevés au niveau des entre-nœuds des plantes de maïs (Morrison et al., 1998). Trois acides phénoliques (p-hydroxybenzoïque, p-coumarique, ferulique) sont très abondants dans la partie aérienne ainsi que dans les racines du sorgho du Sahel (Sène et al., 2001). Six acides phénoliques (caffeique, syringique, vanilline, vanillique, p-coumarique, ferulique) ont été identifiés dans les tiges matures de maïs, de sorgho-grains, d'avoine, de blé tendre, de luzerne, de trèfle cornu (*Lotus corniculatus* L.) et d'eschynomène (*Aeschynomene american*a L.). Deux de ces acides (p-coumarique, ferulique) présentaient des concentrations plus élevées chez les Poaceae que les légumineuses (Cherney et al., 1989). L'acide ferulique a été identifié dans les parois cellulaires de l'épiderme des feuilles primaires de jeunes plantes de seigle. Aussi des composés flavonique ont été identifié dans la couche épidermique des feuilles de fève (Hutzler et al., 1998). L'acide ferulique a été identifié comme un constituant de la paroi cellulaire du brome inerme (*Bromus inermis* Leyss) (Casler et Jung, 1999). Les graines sèches et dormantes du colza (*Brassica napus* L. var. *oleifera*) possèdent des composés phénoliques localisés dans la paroi cellulaire et le plasmalemme (Kuras et al., 1999).

3. 2. *Les phénols et l'allélopathie*

La concentration des acides phénoliques, identifiés dans des pousses, des racines et des exsudats du blé tendre, était élevée chez les accessions hautement allélopathiques (Wu et al., 2000; Wu et al., 2001-a; Wu et al., 2001-c). De même, les extraits-eau bruts de bractées de grains d'une variété ancienne de blé [*Triticum tauschii* (coss.) *Schmahl.*], contenaient de l'acide vanillique, un acide phénolique, qui a montré un effet auto-toxique sur la germination (Gatford et al., 2002). L'acide ferulique identifié dans les racines de jeunes plantes de riz a inhibé la croissance du pied de coq pour une concentration supérieure à 5 mM (Rimando et al., 2001). La croissance de la radicule de jeunes plantes de blé tendre était inhibée par des extraits-eau des composantes de la plante de trois hybrides de sorgho-grains. Cette inhibition était positivement associée au contenu en phénols-totaux des différents extraits ainsi qu'au contenu en cinq acides phénoliques (p-hydroxybenzoïque, vanillique, syringique, p-coumarique, ferulique) (Ben-Hammouda et al., 1995-b). Les acides vanillique et o-coumarique identifiés dans les exsudats racinaires du blé tendre, de l'avoine et de deux cultivars d'orge à deux rangs, pourraient être responsables de l'effet allélopathique de ces espèces (Baghestani et al., 1999). Cinq flavénoïdes isolés à partir d'un cultivar de tournesol (*Helianthus annuus* L.) ont inhibé la croissance de pousses de jeunes plantes de tomate et d'orge (Macias et al., 1997). Suite à la décomposition des résidus des feuilles du trèfle des prés, des substances de nature phénolique sont libérées dans les sol inhibant la croissance d'une mauvaise herbe, la moutarde sauvage (Ohno et Doolan, 2001). De même, la phyto-toxicité des résidus des feuilles de l'agérate (*Ageratum conyzoides* L.) sur la croissance du blé d'hiver était associée aux phénols libérés par ces résidus dans le sol (Singh et al., 2003).

3. 3. *Phénols et mécanisme de défense*

Plusieurs travaux ont montré que la production de substances phénoliques est liée au stress induit par des facteurs biotiques et/ou abiotiques. Quand l'orge est attaquée par le champignon (*Erysiphe graminis* f. sp. *Hordei*), agent de l'oïdium, il accumule un phénol (p-coumaroyl-hydroxyagmatine) dans les cellules épidermiques (Röpenack et al., 1998). Le contenu en phénols chez le blé tendre a augmenté suite à l'augmentation des concentrations en cuivre dans le milieu de culture. Les lignées les plus tolérantes au cuivre sont celles qui sont capables d'accumuler le plus de phénols libres dans leurs tissus (Ganeva et Zozikova, 2007). L'exposition prolongée de 34 cultivars de riz aux radiations UV-B, a été à l'origine d'une augmentation en composés phénoliques chez les cultivars tolérants (Caasi-Lit et al., 1997). En présence d'une mauvaise herbe, le pied de coq, des cultivars allélopathiques de riz, ont exsudé trois fois plus de substances allélochimiques dans le sol (Kong et al., 2006). Les produits de l'oxydation de substances allélochimiques du maïs telles que les acides chlorogénique, ferulique et p-coumarique par les peroxydases ou les tryosinases réduit l'attaque de la cicadelle du maïs (*Dalbulus maidis*) (Dowd et Vega, 1996). Cette même espèce, lorsqu'elle est soumise à des concentrations toxiques d'aluminium, exsude des quantités élevées de phénols de type flavénoïdes, suggérant que ces phénols ont un rôle dans le mécanisme de résistance à l'aluminium chez la plante (Kidd et al., 2001). L'infection de plante de pois (*Pisum sativum* L.) par le champignon (*Erysiphe pisi*), agent de l'oïdium provoque une augmentation de la synthèse d'acides phénoliques (tannique, gallique, ferulique, cinnamique) (Singh et al., 2002). Alors que l'application de doses infra-optimales d'azote est à l'origine d'accumulation de faibles quantités de composés phénoliques dans les feuilles de l'haricot vert (*Phaseolus vulgaris* L.) (Sanchez et al., 2000).

Le stress hydrique a provoqué chez le souchet rond (*Cyperus rotondus* L.) une accumulation de phénols dans les tissus de la plante et au niveau de la rhizosphère (Tang et al., 1995). Le même type de stress a provoqué chez la bruyère commune (*Calluna vulgaris* L.) une augmentation de la teneur en phénols-totaux ainsi qu'une accumulation de phénols libres chez la rose d'Inde (*Tagetes erecta* L.) (Brachet et Mousseau, 1974; Shyam et al., 1991). Chez des jeunes plantes du niébé, le contenu en phénols-totaux a augmenté de 63 % sous l'effet combiné du stress hydrique et l'exposition aux radiations UV-B (Balakumar et al., 1993). Le contenu en acides phénoliques (chlorogénique, isochlorogénique) a augmenté dans les tissus de plantes de tournesol sous l'action isolée ou combinée de trois types de stress (déficit en azote, radiations UV, déficit hydrique) (Del Moral, 1972).

3. 4. *Modes d'action des phénols*

Deux acides phénoliques (salicylique, ferulique) ont inhibé l'absorption de K^+ par des racines isolées d'avoine, avec l'acide salicylique présentant l'effet le plus inhibiteur (Harper et Balke, 1981). Les acides phénoliques (benzoïque, cinnamique) ont réduit l'absorption minérale chez les cellules de jeunes plantes d'un cultivar de soja. Cette réduction pourrait être la conséquence de la désintégration membranaire, suite à une diminution des groupes sulfhydryle suivie par la peroxydation des lipides, deux actions induites par les deux acides phénoliques. En plus, l'acide ferulique a inhibé la respiration pendant l'oxydation du L-malate au niveau des mitochondries isolées chez des jeunes plantes de soja (Baziramakenga et al., 1995; Sert et al., 1997). Trois acides phénoliques (o-hydroxy-phenylacetique, ferulique, p-coumarique) ont inhibé l'accumulation de la chlorophylle et le contenu en porphyrine au niveau des feuilles de jeunes plantes de riz. Cette inhibition augmente avec la concentration des trois acides (Yang et al., 2002). Durant la germination, les acides ferulique et p-coumarique ont provoqué une augmentation des lipides-totaux et du contenu en acides gras dans les cotylédons du colza (Baleroni et al., 2000). L'application de l'acide p-hydroxybenzoïque à raison de 0.75 M réduit la conductance stomatique et le potentiel hydrique des plantes de soja. L'interférence avec la balance-eau de la plante paraît être donc un mode d'action de cet acide causant une réduction de la croissance (Barkosky et Einhellig, 2003). l'acide cinnamique, identifié dans les exsudats racinaires de plantes de concombre (*Cucumus sativus* L.) a inhibé l'absorption minérale de certains ions tel que NO_3^-, SO_4^{2-}, K^+, Mg^{2+} et Fe^{2+} chez les jeunes plantes de la même espèce (Yu et Matsui, 1997).

4. Effet des résidus de culture et le rôle de l'azote

La croissance et le développement de l'avoine se font mieux sur un sol où la paille du précédent cultural, le blé tendre, a été incorporée par un labour que dans le cas d'un semis direct (semis sur couverture végétale sous forme de mulch), montrant ainsi que le labour est avantageux pour l'incorporation des résidus afin d'éviter tout effet défavorable (Christian et Miller, 1986). Des études ultérieures ont montré que les meilleurs rendements en grains de blé tendre sont obtenus sur un sol argileux lourd où les résidus du précédent cultural de la même espèce ont été brûlés, ceci par rapport à des techniques d'incorporation des résidus (travail conventionnel du sol) et au semis direct (Christian et al., 1999).

Les lessivas de paille de blé tendre ont eu un effet phyto-toxique sur les jeunes plantes de ray-grass anglais (*Lolium perenne* L.) (Al Hamdi et al., 2001). De même les extraits-eau de paille de blé, d'avoine et de soja ainsi que ceux de tiges de sorgho et de maïs contiennent des substances inhibitrices pour la germination et la croissance du sorgho, du maïs et du blé tendre (Guenzi et McCalla, 1962). L'utilisation de différentes méthodes de management des résidus de blé dur présente un risque d'auto-toxicité variable (Ben-Hammouda et al., 2003). Une couverture végétale (mulch) de seigle a retardé le développement du maïs et a diminué son rendement en matière sèche. Cet effet était plus prononcé sous l'action des résidus dressés (zéro-labour ou semis-direct) que des résidus incorporés (Raimbault et al., 1990). Des résidus de blé tendre, d'avoine et de sorgho commun (*Sorghum vulgare* Pers.) collectés au moment de la moisson contiennent des substances toxiques pour la croissance de jeunes plantes de blé tendre (Guenzi et al., 1967). La monoculture de blé d'hiver, de blé d'automne et d'orge d'automne avec ou sans fertilisation, conduit en non-labour était à l'origine de la réduction des rendements en grains, ceci par rapport au labour conventionnel (Machado et al., 2007). Les résidus incorporés de sorgho-grains ont retardé le développement de sept cultivars de blé mais n'ont pas affecté leur rendement en grains. Ceci est du probablement à la dégradation des composés allélopathiques à un stade avancé du cycle biologique de la culture en succession (Roth et al., 2000). Le maïs cultivé après le soja a donné un rendement en grains et une masse de tiges plus élevés que maïs sur maïs (Wolfe et Eckert, 1999; Pedersen et Lauer, 2003). La hauteur ainsi que le poids frais de plantes de sorgho et de luzerne sont plus bas quand ils sont cultivés sur des résidus de luzerne que sur des résidus de sorgho (Hegde et Miller, 1990). La germination et la longueur de la radicule et des racines secondaires de plantes de maïs étaient inhibées par des extraits-eau non stérilisés de résidus de soja et d'avoine (Martin et al., 1990). Un précédant cultural de deux légumineuses, le pois-chiche (*Cicer arientinum* L.) et la fève (*Vicia faba* L.) a réduit l'émergence, la croissance et la qualité des fibres des plantes de coton (*Gossypium hirsutum* L.) (Hulugalle et al., 1998). L'incorporation des résidus de la laitue à raison de 100 g /Kg de sol a inhibé la croissance et le poids frais des plantes de pied de coq (Chon et al., 2005).

La culture de blé tendre sur une légumineuse, la vesce velue, a provoqué une diminution du ratio C/N du sol par rapport à une monoculture de blé, indiquant que la vesce est capable d'augmenter le contenu en N du sol (Odhiambo et Bomke, 2001). Dans une expérience de cinq campagnes de monoculture de blé, avec des résidus incorporés, une baisse du rendement a été enregistrée au cours de la première campagne. Durant les quatre campagnes suivantes, l'incorporation de plus de 20 t de paille/ha n'a pas manifesté d'effet significatif sur le rendement en grains. La baisse du rendement de la première campagne pourrait être attribuée au manque d'azote, en partie immobilisé par les microorganismes pour la décomposition des résidus incorporés (Jenkyn et al., 2001). Une réduction de la germination et de la croissance du blé en pot a été observée en présence de quantités relativement élevées de résidus de blé en décomposition (Kimber, 1973). Sur un sol déficient en azote (N), en phosphore (P) et en soufre (S), les résidus dressés de blé ont diminué le rendement en grains et en paille de la même espèce, respectivement de 15 et 13% (Rasmusen et al., 1997). La diminution de la croissance et du rendement en grains du soja cultivé sur des résidus de paille de blé laissés sur champs a été évité par des apports supplémentaires de 28 Kg/ha d'azote (Hairston et al., 1987). L'augmentation de la dose d'azote peut palier la réduction de la croissance du maïs provoquée par la couverture végétale de blé tendre et de seigle (Tollenaar et al., 1993). Un travail ultérieur a montré que, l'augmentation des doses de semis et d'azote, peut remédier aux effets dépressifs des résidus de cultures d'été (soja, sorgho) et améliorer le rendement en grains du blé (Staggenborg et al., 2003). De même, l'augmentation de l'apport d'azote est nécessaire pour optimiser le rendement du blé/blé ou du blé/lupin (*Lupinus cosentinii* Guss.) avec un avantage pour la séquence blé/lupin (Rowland et al., 1988). Pour une dose élevée (280 Kg/ha) d'azote, le rendement en grains combiné du sorgho et du ray-grass en double culture a représenté 110 % du rendement du sorgho cultivé tout seul (Buxton et al., 1999).

En plus de l'azote, d'autres éléments minéraux peuvent être utilisés dans le management des résidus de culture. En effet, pour une séquence de maïs/soja dans un système de non-labour, une haute fertilisation avec du phosphate et de la potasse permet d'améliorer le rendement en grains des deux espèces (Howard et al., 1998). La culture du blé sur chaume dressée de blé, de maïs et de lentille (*Lens culunaris* L.) a été à l'origine d'une augmentation du carbone (C) organique du sol par rapport au cas où les chaumes ont été incorporés. Après onze années de zéro-labour, la quantité de C organique séquestrée dans la couche superficielle du sol (0-25 cm) a atteint 7.2 t/ha (Bessam et Mrabet, 2003).

5. L'allélopathie au niveau du sol

Des bio-essais d'extraits-eau de sol où le blé a été conduit en semis conventionnel ou en zéro-labour ont révélé une activité inhibitrice (Cast et al., 1990). Un sol où les résidus de tissus frais de l'orge sont incorporés ont réduit de façon prononcée la germination, la hauteur et le poids de la plante du chiendent (*Agropyron repens* Beauv.) (Ashrafi et al., 2009). Des extraits-eau de sols où la luzerne ou l'orge ont été cultivées ont réduit la longueur des racines de jeunes plantes de luzerne, de blé d'hiver et de radis (Read et Jensen, 1989). Un sol amendé avec les résidus en décomposition de luzerne et de kava (*Piper methysticum* L.) a fortement inhibé la croissance du pied de coq. Cet effet inhibiteur a persisté au niveau du sol durant 25 jours (Xuan et al., 2005). La croissance de la radicule d'une mauvaise herbe la moutarde sauvage, , a été réduite sous l'action d'extraits-eau de sol où des résidus de trèfle ont été incorporés (Ohno et al., 2000). La croissance de l'orge sauvage est réduite sur un sol où la moutarde noire a été cultivée (Tawaha et Turk, 2003). L'effet phyto-toxique des résidus de la fragonie sur le millet à chandelles persiste plus que cinq semaines au niveau du sol. Après huit semaines de décomposition, l'effet toxique des résidus baisse et même parfois une légère stimulation de la croissance du millet à chandelles est observée (Sharmak et Gehlot, 2003).

Plusieurs études ont révélé la présence de composés phénoliques dans le sol qui sont des substances allélochimiques potentielles. Les acides phénoliques (p-hydroxybenzoïque, vanillique, p-coumarique, ferulique) ont été identifiés dans quatre types de sols (terreau calcaire, sol sableux, sol argilo-siliceux, terreau d'argile) en très faibles quantités (Whitehead, 1964). Tous les monomères phénoliques identifiés dans les parties végétatives de la plante de sorgho ont été retrouvés dans les échantillons de sols où le sorgho a été cultivé. Les monomères les plus abondants étaient les acides vanillique et p-hydroxybenzoïque (Sène et al., 2001). L'effet inhibiteur d'extraits-eau d'un sol cultivé en trèfle était hautement associé à la concentration de phénols solubles dans le sol (Ohno et al., 2000). Les résidus de cultivars de riz en décomposition, libèrent dans le sol la momilactone B et des acides phénoliques, des substances potentiellement allélopathiques (Kong et al., 2006).

Des substances allélochimiques sont souvent exsudées par les racines dans leur environnement immédiat. L'acide jasmonique, un inhibiteur de la croissance a été identifié en quantités élevées dans les exsudats racinaires du blé (Dathe et al., 1994). Les exsudats racinaires de quatre cultivars de riz ont provoqué une inhibition supérieure à 50% de la germination du phalaris (Om et al., 2002). Les racines du sorgho-grains ont exsudé des acides phénoliques (p-hydroxybenzoïque, vanillique, syringique), des substances impliquées dans l'allélopathie des tissus de la même espèce (Ben-Hammouda et al., 1995-b). La sorgholéone est une autre substance allélopathique identifiée au niveau des exsudats racinaires de sept accessions de sorgho (Czarnota et al., 2003). Les exsudats racinaires de plantes de concombre se sont révélés à potentiel auto-toxique (Yu et Matsui, 1997).

6. Rôle des micro-organismes

Le métabolite du seigle 2(3H)-benzoxazolone (BOA) s'est transformé dans le sol, en aminophenoxazinone (2-amino-3H-phénoxazine-3-1) qui est toxique pour le pied de coq (Barazani et Friedman, 2001). Le même métabolite se trouve inchangé dans un sol stérilisé, ce qui prouve que l'aminophenoxazinone est produit suite à une action micro-biologique (Gagliardo et Chilton, 1992). Les micro-organismes du sol produisent de l'acide benzoïque à partir d'acide cinnamique. L'utilisation différentielle de ces acides phénoliques par les micro-organismes du sol pourrait influencer en partie, l'amplitude et la durée de la phyto-toxicité de chaque acide phénolique (Blum, 1998). A une même concentration, l'ester dehydromatricaria (EDM) est une substance allélopathique qui, dans le sol, a un effet inhibiteur plus faible sur la croissance de jeunes plantes de riz que celui enregistré quand cette substance est placée dans un milieu agar. Ceci s'explique par le fait que l'EDM est à la fois adsorbé aux colloïdes du sol et dégradé par les micro-organismes du sol, ce qui a réduit son activité dans la solution-sol (Ito et al., 1998). Une solution d'isolats de bactéries endophytes de trèfle ont réduit le taux d'émergence et de la croissance de jeunes plantes de maïs (Sturz et Christie, 1996). L'activité allélopathique des sols autoclavés, où les résidus du tournesol du Mexique ont été incorporés, a diminué par rapport au sol non autoclavé. Un tel résultat suggère que l'activité des microorganismes du sol a contribué à diminuer ce potentiel (Tongma et al., 1998).

7. Intérêt pratique de l'allélopathie

L'étude du potentiel allélopathique des espèces cultivées dans un système agricole permet un choix plus orienté des séquences agronomiques: choisir la variété/espèce la moins phyto-toxique comme précédent cultural et la variété/espèce la plus tolérante comme culture en succession. En plus, une telle étude offre la possibilité d'utiliser les substances allélochimiques comme "herbicides naturels" dans le contrôle des mauvaises herbes et les ravageurs des cultures.

Des extraits-eau de résidus de pousses de blé tendre ont inhibé la germination ainsi que la croissance des racines du ray-grass annuel, une mauvaise herbe qui a développé une résistance aux herbicides commerciaux, couramment utilisés tel que le glyphosate (Wu et al., 2001-d). L'utilisation de résidus de seigle et de blé a réduit la levée de trois mauvaises herbes [liseron (*Ipomœa purpurea* Roth.), herbe dure, l'amarante (*Amaranthus* spp.)] (Blum et al., 1997). La culture du soja, du tabac (*Nicotiana tabacum* L.), du maïs, du sorgho et du tournesol sur couverture végétale épaisse (mulch) de seigle a réduit la biomasse de certaines mauvaises herbes telles que le liseron, l'herbe dure, l'amarante, le cassier sauvage et le pourpier (*Portulaca oleracea* L.) (Nagabushana et al., 2001). La culture du sorgho-grains pendant trois campagnes successives a réduit le couvert de mauvaises herbes sur champ surtout celles à feuilles larges, ceci en comparaison avec les cultures de maïs et du soja (Einhellig et Rasmusen, 1989). Quand le maïs a été cultivé sur une couverture végétale de mucuna [*Mucuna deeringiana* (Bort) Merr.] pendant cinq campagnes successives, une réduction de 68 % de la biomasse de deux mauvaises herbes [pied de coq, amarante (*Amaranthus hypochondriacus* L.)] a été notée (Caamal-Maldonado et al., 2001). Le semis direct de légumineuses telle que la luzerne annuelle (*Medicago* spp.), le trèfle d'Alexandrie (*Trifolium alexandrinum* L.) et le trèfle, comme plantes de couverture dans un système de rotation blé d'hiver/maïs, a réduit substantiellement la densité et le poids sec des mauvaises herbes annuelles d'hiver avant le semis du maïs (Fisk et al., 2001).

Un mulch vert de colza et de navet (*Brassica rapa* L.) a libéré assez d'isothiocyanates pour supprimer la germination de mauvaises herbes telles que le vulpin des champs (*Alopecurus myosuroides* Huds.) et le pied de coq (Petersen et al., 2001). L'application foliaire de trois substances allélochimiques [deux acides phénoliques (p-hydroxybenzoïque, ferulique), un acide salicylique (2-BOA)] ainsi que deux herbicides commerciaux (linuron, fluometruron) a provoqué l'inhibition de la photosynthèse et l'accumulation de la proline chez l'herbe des vergers (*Dactylis glomerata* L.) (Reigosa et al., 2001). Les feuilles sèches du goyavier du Chili (*Ugni molinae* Turcz.) incorporés au sol ont un effet nématicide qui réduit le développement du nématode à galle (*Meloidogyne hapla*), ravageurs en maraîchage, où des plantes de laitue ont été cultivées. Cet effet est plus prononcé sur les oeufs et les stades juvéniles (Böhm et al., 2009). Deux substances allélochimiques (phosphinothricine, bialophos) synthétisées respectivement par *streptomyces viridochomogénes* et *streptomyces hygroscopicus*, deux bactéries allélopathiques, ont été utilisées comme herbicides commerciaux (Barazani et Friedman, 2001).

D'autres travaux ont montré l'utilité de l'allélopathie dans la lutte contre les ravageurs. Le traitement de l'orge par les exsudats racinaires du chiendent a permit de repousser le puceron (*Rhopalosiphum padi* L.) (Glinwood et al., 2003). La culture du blé sur un sol, où des résidus de blé ont été incorporés, a résulté en une diminution de la maladie de piétin verse provoquée par le champignon (*Pseudocercosporella herpotrichoides*) (Jenkyn et al., 2001). De même la culture intercalaire légumineuses (pois ou fève) avec l'avoine a réduit significativement l'infection par l'orobanche (*Orobanche crenata* Forssk.). Leur nombre par individu hôte a diminué avec l'augmentation de la densité de plants de la céréale (Fernández-Aparicio et al., 2007). L'utilisation de purin de colza réduit les populations de nématodes (*Xiphinema americanum*) dans les champs infestés (Halbrendt, 1996). Les lessivas de deux légumineuses [mucune, haricot sabre (*Canavalia ensiformis* DC.) ont un effet nématicide. Un essai en pots a montré que la décomposition de leurs feuilles a réduit la population de nématodes au niveau des racines de la tomate (Caamal-Maldonado et al., 2001). Les extraits de paille d'orge ont inhibé la croissance de trois algues (*Synura petersenii*, *Dinobyron* sp., et *Microcystis aeruginosa*) nuisibles, communes en eau douce (Ferrier et al., 2005).

Quelques travaux ont rapporté l'effet allélopathique, stimulateur de certaines cultures. En effet, les extraits-eau de racines d'une variété de colza 'Drakkar' ont stimulé la croissance de la radicule de trois variétés ('Manel', 'Martin', 'Rihane') d'orge de façon significative (Oueslati et Ben-Hammouda, 2006). De même le riz a exsudé des substances qui accéléraient la croissance des racines de luzerne, quand ils sont cultivés ensemble en culture hydroponique (Kato-Noguchi et Kanesawa, 2003). Malheureusement peu de cas traitant de l'effet stimulateur ont été rapporté, de telles espèces dotées d'effet stimulateur sur les cultures en succession ou même sur les cultures intercalaires, présenteraient une excellente opportunité en agriculture.

PARTIE-II

MATERIEL ET METHODES

1. Matériel végétal

Quatre variétés d'orge ('Manel', 'Martin', 'Espérance', 'Rihane') ont été cultivées pour un essai de comportement variétal à la Station Expérimentale de l'ESA-Kef, pendant trois (99/00, 00/01, 01/02) CA. Le choix s'est porté sur quatre variétés cultivées en Tunisie que ce soit en monoculture ou en rotation avec le blé.

1. 1. *La variété 'Manel'*

C'est une variété issue du croisement réalisé, en 1981 à l'International Center for Agricultural Research in Dry Areas (I.C.A.R.D.A) en Syrie. Elle a été introduite en Tunisie par l'Institut National de Recherche Agronomique de Tunis (I.N.R.A.T). C'est une variété avec un épi à 6 rangs, compact, de couleur jaune verdâtre et dont le grain présente une teinte bleuâtre. Le port de l'épi est retombant. 'Manel' présente les caractères agronomiques suivants: précoce avec un tallage fort, une bonne résistance à la verse et très productive dans les zones humides et sub-humides (Maamouri et al., 2007) (Photo n° 1).

 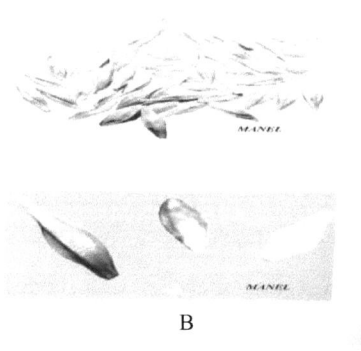

Photo N° 1. Epi (A) et grains (B) de la variété d'orge 'Manel'.

1. 2. La variété 'Martin'

Une variété sélectionnée par Pierre Lescure, agriculteur à El akhouat (Siliana/Tunisie), dans une population introduite de l'Algérie en 1931. Variété avec un épi à 6 rangs, compacte, avec un port dressé à demi dressé et sa forme est pyramidale allongée. La couleur des barbes est blanche à jaunâtre. La paille, de hauteur moyenne, est jaunâtre. Elle est tardive avec un tallage et une productivité moyens et très sensible à la verse. 'Martin' est adaptée aux zones moyennes recevant annuellement 300 à 350 mm de pluies (Maamouri et al., 2007) (Photo N° 2).

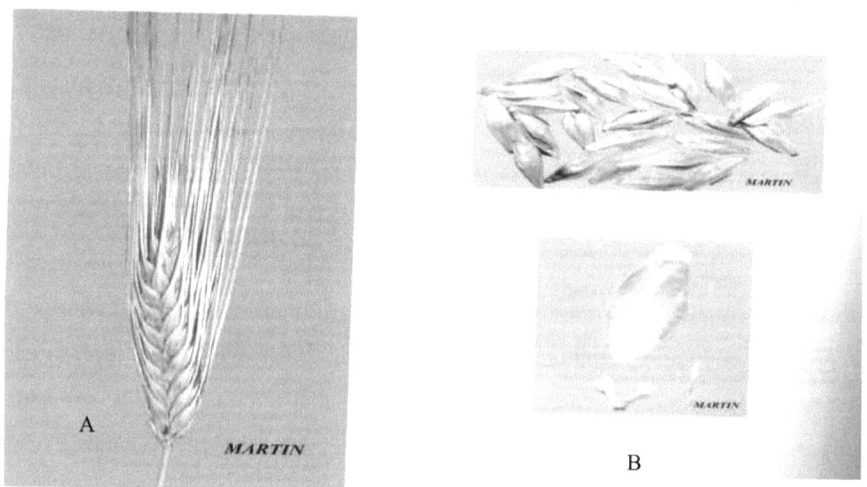

Photo N° 2. Epi (A) et grains (B) de la variété d'orge 'Martin'.

1. 3. La variété 'Espérance'

C'est une variété de brasserie, introduite en Tunisie en 1962 à partir de l'Ecole Nationale d'Agriculture de Montpellier/France. Variété avec un épi à 2 rangs, compacte, avec un port retombant, de couleur blanc rosé et sa forme est allongée à bord parallèle. La paille est de hauteur relativement courte. Elle est moyennement tardive avec un tallage et une productivité moyens et une résistance à la verse moyenne. Dans de bonnes conditions de culture, 'Espérance' est capable de donner de très bons rendements (Maamouri et al., 2007). Elle présente une grande similitude avec la variété 'Ceres' (Photo N° 3).

 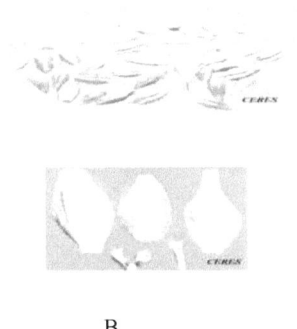

Photo N° 3. Epi (A) et grains (B) de la variété d'orge 'Ceres'.

1. 4. La variété 'Rihane'

C'est une variété issue d'un croisement réalisé à l'I.C.A.R.D.A en 1971 et introduite en Tunisie en 1982 par l'I.N.R.A.Tunis. Variété avec un épi à 6 rangs, compacte et de longueur moyenne, avec un port demi dressé à retombant et une forme légèrement pyramidale. Les grains sont de couleur blanche jaunâtre. La paille est haute de 1 à 1,20 m. 'Rihane' est une variété précoce avec un très bon tallage, une résistance à la verse moyenne et une bonne productivité aussi bien dans les zones sub-humide (en deuxième paille) que dans les régions les moins humides. Son aire de culture est donc assez étendue (Maamouri et al., 2007) (Photo N° 4).

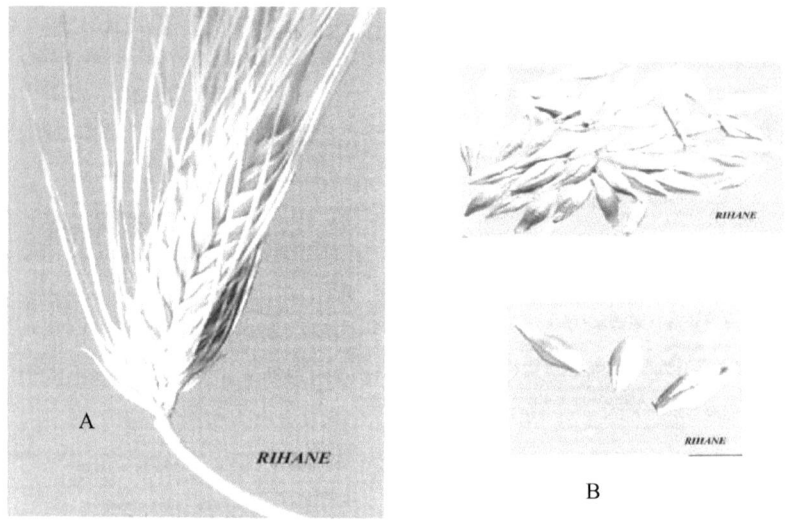

Photo N° 4. Epi (A) et grains (B) de la variété d'orge 'Rihane'.

2. Méthodes

2.1. *Essai sur champ*

Le site expérimental est situé dans la zone du semi-aride sur un sol argileux (59% argile, 23% limon, 18% sable) selon l'échelle établie par Donahue et al. (1983) avec 2 % de matière organique et un pH légèrement basique (8,1). Ce sol est classé comme calcicole (Dekker et al., 1998). L'essai a été conduit en Complete Randomizes Block Design (CRBD) avec quatre réplications en plots (unité expérimentale: la variété) de 12 m² (10 m × 1,2 m)/plot avec 6 lignes chacun. L'orge a été semée à raison de 120 Kg/ha, sur un sol en jachère durant chaque CA. De la préparation du sol à la moisson, les techniques culturales appropriées à la zone du semi-aride ont été pratiquées avec un semis en Fin-Novembre et une moisson Fin-Mai. En plus de la pluviométrie, les plots ont été irrigués chaque fois qu'un flétrissement sévère a été observé. Les données climatiques du site relatives aux trois CA ont été recueillies au pré de la Station Météorologique du Kef, située à proximité de la Station Expérimentale de l'ESAK (Annexe-A; Tableau 1).

2. 2. *Préparation des extraits-eau-plante*

Des plantes entières d'orge ont été collectées, de façon randomisée à partir du champ au stade de maturité du grain. Elles ont été délicatement lavées à l'eau distillée, placées entre deux papiers buvards et séparées en racines, feuilles, tiges et grains. A l'exception de l'épi, toutes les CP ont été découpées en morceaux de 1 cm de longueur et séchées à 50°C pendant 24 h. Les plantes d'orge étaient saines de tout symptôme visible de maladie et d'attaque par les ravageurs.

Une fraction de 2,5 g en poids frais de chaque composante de la plante a été agitée avec 50 ml d'eau distillée dans un Erlen de 500 ml pendant 24 h à 200 t/mn sur un agitateur horizontal. Chaque extrait-eau a été filtré à travers plusieurs couches de gaze hydrophile et stocké à une température inférieure à 5°C jusqu'au moment du bio-essai. L'eau est utilisée pour l'extraction car elle est le solvant naturel. Les extraits-eau d'orge ont été testés pour leur auto-toxicité sur la germination des grains, la croissance de la radicule et du coléoptile de la jeune plante de la variété-test d'orge 'Manel'. Elle a été sélectionnée comme la variété la plus sensible à l'auto-toxicité de l'orge (Ben-Hammouda et al., 2002).

En plus, au cours de la troisième (01/02) CA, les extraits-eau des différentes CP pour chaque variété d'orge ont été mélangés dans les proportions 6,6 % (racines), 15,7 % (feuilles), 35,2 % (tiges) et 42,5 % (grains) pour constituer un extrait-eau de la plante entière. Ces proportions ont été déterminées dans un travail antérieur, portant sur la répartition de la matière sèche à travers l'architecture de la plante d'orge (Données non publiées). Ces extraits-eau ont été utilisés pour tester leur phyto-toxicité uniquement sur la croissance de la radicule et du coléoptile, de la jeune plante de la variété-test 'Manel'.

2. 3. *Préparation des extraits-eau-sol*

Après la moisson, au cours de la troisième (01/02) CA, des échantillons de sol ont été collectés à une profondeur de 30 cm, de façon randomisée à partir des plots où les quatre variétés d'orge ont été cultivées. Les échantillons ont été séchés à l'air libre, pendant une journée ensuite tamisés à travers un tamis dont les mailles sont de 0,3 mm.

L'extraction a été faite selon la procédure décrite par Read et Jensen (1989). Brièvement, elle consiste à agiter une fraction de 250 g de sol en équivalent de poids sec dans 250 ml d'eau distillée pendant 24 h à 200 t/mn. Ensuite, les extraits-eau ont été filtrés sous vide à travers du papier Whatman N° 2 et stockés à une température inférieure à 5 °C jusqu'au moment des bio-essais.

2. 4. *Milieu de croissance*

Le milieu de croissance était de l'extrait-eau-agar obtenu avec 1,2 g d'agar dans une solution de 80 ml d'eau distillée et 20 ml d'extrait-eau de la plante. Le contrôle était constitué de 1,2 g d'agar dans 100 ml d'eau distillée.

La préparation du milieu de croissance pour tester l'effet des extraits-eau-sol sur la croissance de la radicule de la variété-test 'Manel' a été faite suivant la procédure précédemment décrite. En plus du contrôle-eau-distillée (1,2 %), un second contrôle-eau-sol a été considéré, comprenant un extrait-eau de sol non cultivé (jachère).

2. 5. *Bio-essais de germination*

Pour les bio-essais de germination, la surface des grains a été stérilisée avec une solution aqueuse d'hypochlorite de sodium à 5% pendant 1 mn. Les grains on été rincés cinq fois à l'eau distillée et séchés entre deux papiers buvards. Les grains ont été placés dans des boites de Pétri contenant chacune 15 ml d'extrait-eau-agar comme milieu de croissance et incubés pendant 35 h à 25°C. Tout grain observé avec une radicule de 2 mm est compté germé.

2. 6. *Bio-essais de jeunes plantes*

Préalablement aux bio-essais, des grains dont la surface a été stérilisée, ont été pré germés dans des boites de Pétri entre deux papiers filtres imbibés chacun de 1,2 ml d'eau distillée. Des tubes à essai ont été inclinés de 45 ° après que le milieu de croissance (15 ml) se soit écoulé pour que l'agar se solidifie ensuite ils sont couverts avec du coton. Les grains pré germés, dont la radicule a atteint 3 mm, ont été prélevés et placés dans les tubes à essai avec la radicule centrale, perçant le milieu de croissance.

Après incubation à l'obscurité et à 25°C pendant 60 h, la longueur de la radicule centrale ainsi que celle du coléoptile de la variété-test d'orge 'Manel' ont été mesurées. En plus les ratio: LC/LR ont été calculés. Cette opération a été réalisée pour les extrait-eau des différentes CP des quatre variétés d'orge testées durant les trois (99/00, 00/01, 01/02) CA.

Les bio-essais ont été conduits à l'obscurité pour éliminer l'effet de la lumière, un effet observé pour la croissance de jeunes plantes d'avoine (Chon et al., 2000).

2.7. *Détermination des phénols-totaux*

La méthode Denis-Folin a été utilisée pour l'analyse des PT, avec l'acide tannique comme standard. Le réactif Denis-Folin est un mélange de 10 g de tungstate de sodium, 2 g d'acide phosphomolibdique et 5 ml d'acide phosphorique dans 75 ml d'eau distillée. Le mélange a été dissout pendant 2 h, refroidit et dilué à 100 ml avec de l'eau distillée.

Pour utiliser l'acide tannique comme standard, la méthode décrite par Makkar (2000) a été appliquée: Une solution saturée de carbonate de sodium a été obtenue en ajoutant 40 g de carbonate de sodium à 150 ml d'eau distillée, dissoute pendant 1 h à l'obscurité et ajustée à 200 ml. Une solution standard d'acide tannique a été obtenue par dissolution de 50 mg d'acide tannique dans 100 ml d'eau distillée. Des aliquotes de 0, 20, 40, 60, 80 et 100 µl de cette solution ont été prélevées et distribuées dans des tubes à essai contenant chacun 0,5 ml de réactif Denis-Folin et 2,5 ml de solution saturée de carbonate de sodium. Ces standards ont été dilués à 4 ml avec de l'eau distillée et rapidement agités. Leurs absorbances ont été déterminées, après 35 minutes passées à l'obscurité, pour une longueur d'onde de 750 nm (A.O.A.C, 1990). Une courbe standard a été ainsi établie.

La détermination des phénols-totaux pour chaque extrait-eau des tissus et chaque extrait-eau-sol a été faite en ajoutant 0.5 ml de réactif Denis-Folin et 2,5 ml de solution de carbonate de sodium saturée à 1 ml de chaque extrait-eau. L'absorbance a été déterminée et le contenu en PT a été estimé en utilisant la courbe standard. L'unité des PT est en microgramme d'équivalent d'acide tannique par millilitre d'extrait-eau. Pour les exprimer en µg d'équivalent d'acide tannique par gramme de tissu sec, leurs concentrations ont été multipliées par 20, en se basant sur un rapport d'extraction 1:20 (2,5 g de tissu/100 ml). Pour les extraits-eau-sol l'unité des PT est exprimée, directement en microgramme d'équivalent d'acide tannique par gramme de sol, vu que le rapport d'extraction est 1:1 (250 g de sol en équivalent de poids sec/250 ml).

2. 8. *Analyse qualitative et quantitative des acides phénoliques*

Les extraits-eau des tissus ainsi que les extraits-eau-sol utilisés pour estimer les PT ont été analysés pour cinq acides phénoliques [p-hydroxybenzoïque (POH), vanillique (VAN), syringique (SYR), p-coumarique (PCO), ferulique (FER)] connus pour leur implication dans l'allélopathie du blé, une céréale d'hiver (Wu et al., 2000 et 2001-a) et du sorgho-grains, une céréale d'été (Ben-Hammouda et al., 1995-b). Les extraits-eau ont été filtrés à travers une membrane stérile de 0,45 µm.

Les extraits-eau stériles ont été analysés pour les acides phénoliques par un système de Chromatographie liquide à haute performance (CLHP), modèle Shin-pack CLC (M-ODS), qui consistait en deux pompes opérant à un taux de flux de 0.7 ml/mn ainsi qu'un détecteur de longueur d'onde UV fixé à 280 nm. La phase stationnaire consistait en une colonne de phase inverse (C18) (4,6 × 250 mm). La phase mobile consistait en un gradient de solvant de 0,1 % acide phosphorique dans 70 % d'acetonitrile. La quantification des acides phénoliques individuels est obtenue automatiquement par un paquet calibré et informatisé.

2. 9. *Analyse des données*

Les deux bio-essais (germination, jeunes plantes) ont été conduits en Complete Randomized Design (CRD) avec quatre répétitions. Pour le bio-essai de germination, chaque unité expérimentale était constituée de quatre boites de Pétri renfermant chacune 25 grains. Pour le bio-essai de jeune plante, chaque unité expérimentale était constituée de dix tubes à essai. Les données ont été soumises à une analyse de la variance (ANOVA) en utilisant le logiciel Système d'Analyse Statistique (SAS) (SAS institute, 1985). Les traitements dont les effets sont significatifs, d'après le test protégé de Fisher ont été séparés par le test de la plus petite différence significative (PPDS) au seuil de probabilité de 5% (Steel et Torrie, 1980). Pour tester l'effet de la variété à travers trois CA, sur l'auto-toxicité de l'orge, une analyse combinée a été conduite. Elle consistait à utiliser la moyenne des effets individuels des CP, en tant qu'inhibition de la croissance de la radicule, comme observation individuelle relative à chaque variété. La formule pour le calcul de l'inhibition de la croissance de la radicule de l'orge est : [(Contrôle – Traitement) / Contrôle] × 100. De même pour tester les effets de la CP à travers trois CA, le même type d'analyse a été conduit en utilisant la moyenne des effets individuels des quatre variétés d'orge comme observation individuelle relative à chaque CP.

La régression de l'inhibition de la croissance de la radicule sur le contenu en PT et les concentrations des cinq acides phénoliques (variable quantitative) et la source d'extraits-eau (variable qualitative) a été effectuée. De même la régression du ratio: LC/LR a été effectuée avec les mêmes paramètres. Pour les deux régressions, la CP, la variété et la CA ont été considérées. Occasionnellement, une transformation des données relatives à la variable indépendante a été effectuée pour atteindre un niveau de probabilité acceptable. L'analyse des données a été menée en utilisant le SAS (SAS institute, 1985).

Au cours de la troisième (01/02) CA, une analyse de corrélation a été conduite entre d'une part l'inhibition de la croissance de la radicule de 'Manel' par les extraits-eau-sol, toutes variétés confondues, et d'autre part le contenu en PT et la concentration des acides phénoliques individuels de ces extraits. En plus deux analyses de corrélation ont été faites: i) une première entre l'inhibition de la croissance de la radicule par les extraits-eau de la plante entière et le contenu en PT et la concentration des acides phénoliques individuels des extraits-eau-sol et ii) une deuxième entre l'inhibition de la croissance de la radicule par les extraits-eau de chaque CP, indépendamment de la variété et les mêmes paramètres (contenu en PT et concentrations des acides phénoliques des extraits-eau-sol). Cette analyse a été menée en utilisant le SAS (SAS institute, 1985).

PARTIE-III

RESULTATS

Chapitre I. INFLUENCE DE LA VARIETE ET DE LA SAISON SUR L'AUTO-TOXICITE DE L'ORGE

Au cours de ce premier chapitre on s'est fixé l'objectif d'étudier la variabilité du potentiel allélopathique/auto-toxique chez l'orge: i) parmi les composantes de la plante d'orge, ii) parmi les variétés et iii) à travers trois (99/00, 00/01, 01/02) CA; ainsi que l'influence des variations saisonnières sur l'expression de ce potentiel.

1. Bio-essais de germination

Parmi les quatre variétés d'orge ('Manel', 'Martin', 'Espérance', 'Rihane') testées après la moisson de la première (99/00) CA, seuls les extraits-eau des CP de 'Manel' et 'Espérance' ont eu un effet significatif sur la germination des grains de la variété-test d'orge 'Manel' (Annexe-A; Tableau 2). Trois des quatre extraits-eau (racines, tiges, grains) de 'Manel' et 'Espérance' l'ont inhibé (Tableau 1).

Tableau 1. Effets des extraits-eau des différentes CP de 'Manel' et 'Espérance' sur la germination (%) de 'Manel', CA 99/00.

Traitement	Germination	
	'Manel'	'Espérance'
Contrôle	100,00 a[†]	99,75 a
Extraits-Racines	97,50 b	98,00 b
Extraits-Feuilles	98,75 a	99,00 a
Extraits-Tiges	98,00 b	96,75 cd
Extraits-Grains	98,00 b	96,25 d
PPDS (5%)	1,54	1,47

[†] Les moyennes ayant les mêmes lettres au niveau de la même colonne ne sont pas significativement différentes au seuil de probabilité de 5 %.

Les extraits-eau de toutes les variétés testées n'ont pas montré un effet significatif sur la germination des grains de 'Manel' durant la deuxième (00/01) et la troisième (01/02) CA (Annexe-A; Tableau 2). Par conséquent, le bio-essai de germination ne parait pas comme un test suffisamment sensible pour détecter l'auto-toxicité de l'orge.

2. Bio-essais de jeunes plantes, la croissance du coléoptile
2. 1. *Campagne agricole 99/00*

Comme s'étai le cas pour le bio-essai de germination, seuls les extraits-eau des CP de deux variétés ('Manel', 'Espérance') ont eu un effet significatif sur la croissance du coléoptile de 'Manel' (Annexe-A; Tableau 3). Cependant, aucun extrait-eau n'a eu un effet significatif par rapport au contrôle. Pour 'Manel', les extraits-eau-tiges ont manifesté un effet inhibiteur et significativement différent de celui des feuilles qui a été légèrement stimulateur par rapport au contrôle. Pour 'Espérance', ce sont les extraits-eau-racines qui ont manifesté un effet inhibiteur, significativement différent de celui des feuilles. Ces derniers extraits étaient légèrement stimulateurs (Tableau 2).

Tableau 2. Effets des extraits-eau des différentes CP de 'Manel' et 'Espérance' sur la croissance (cm) du coléoptile de 'Manel', CA 99/00.

	Croissance du coléoptile	
Traitement	'Manel'	'Espérance'
Contrôle	4,80 ab[†]	4,88 ab
Extraits-Racines	4,68 ab	4,68 b
Extraits-Feuilles	4,90 a	5,05 a
Extraits-Tiges	4,50 b	4,70 ab
Extraits-Grains	4,75 ab	4,98 ab
PPDS (5%)	0,33	0,37

[†] Les moyennes ayant les mêmes lettres au niveau de la même colonne ne sont pas significativement différentes au seuil de probabilité de 5 %.

2.2. *Campagne agricole 00/01*

Les extraits-eau, des CP des quatre variétés d'orge testées ('Manel', 'Martin', 'Espérance', 'Rihane') ont montré un effet significatif sur la croissance du coléoptile de 'Manel' (Annexe; Tableau 3). Tous les extraits-eau de 'Manel' excepté ceux des tiges ont manifesté un effet stimulateur sur la croissance du coléoptile de 'Manel'. Les extraits-eau des feuilles et des tiges, de 'Martin' ont manifesté un effet stimulateur. Cependant, les extraits-eau-tiges d''Espérance' et les extraits-eau-feuilles de 'Rihane' ont eu un effet inhibiteur (Tableau 3).

Tableau 3. Effets des extraits-eau des différentes CP de 'Manel', 'Martin', 'Espérance' et 'Rihane' sur la croissance (cm) du coléoptile de 'Manel', CA 00/01.

Traitement	Croissance du coléoptile			
	'Manel'	'Martin'	'Espérance'	'Rihane'
Contrôle	4,88 b[†]	4,30 b	4,70 a	4,65 a
Extraits-Racines	5,15 a	4,43 b	4,53 a	4,83 a
Extraits-Feuilles	5,05 a	4,70 a	4,70 a	4,33 b
Extraits-Tiges	4,83 b	4,75 a	4,03 b	4,80 a
Extraits-Grains	5,15 a	4,28 b	4,40 a	4,78 a
PPDS (5%)	0,14	0,24	0,34	0,29

† Les moyennes ayant les mêmes lettres au niveau de la même colonne ne sont pas significativement différentes au seuil de probabilité de 5 %.

2.3. *Campagne agricole 01/02*

Les résultats ne sont pas différents de ceux de la CA précédente, excepté pour les degrés de signification (Annexe-A; Tableau 3). Les extraits-eau-racines et tiges de 'Manel' ont montré un effet stimulateur. Pour 'Martin', les extraits-eau-feuilles et tiges d'une part et les extraits-eau-grains d'autre part, ont manifestés des effets antagonistes, avec les premiers ayant un effet stimulateur et les seconds un effet inhibiteur. Trois des extraits-eau d''Espérance' (racines, feuilles, grains) ont exprimé un effet stimulateur. Pour 'Rihane', seuls les extraits-eau-racines ont manifesté un effet stimulateur, alors que les extraits-eau-tiges ont manifesté un effet inhibiteur (Tableau 4).

Tableau 4. Effets des extraits-eau des différentes CP de 'Manel', 'Martin', 'Espérance' et 'Rihane' sur la croissance (cm) du coléoptile de 'Manel', CA 01/02.

	Croissance du coléoptile			
Traitement	'Manel'	'Martin'	'Espérance'	'Rihane'
Contrôle	4,53 c[†]	4,60 b	4,60 b	4,38 b
Extraits-Racines	5,25 a	4,60 b	5,03 a	4,70 a
Extraits-Feuilles	4,95 abc	4,73 a	4,92 a	4,43 ab
Extraits-Tiges	5,05 ab	4,85 a	4,89 ab	3,63 c
Extraits-Grains	4,78 b c	4,45 c	5,03 a	4,63 ab
PPDS (5%)	0,46	0,13	0,28	0,32

† Les moyennes ayant les mêmes lettres au niveau de la même colonne ne sont pas significativement différentes au seuil de probabilité de 5 %.

L'effet allélopathique de l'orge sur la croissance du coléoptile variait en fonction de la CP, de la variété et de la CA. Il s'est exprimé sous forme de stimulation ou d'inhibition ou il était absent (effet non significatif). Les cas de stimulation du coléoptile étaient plus fréquents au cours de la troisième (O1/02) CA.

3. Bio-essais de jeunes plantes, la croissance de la radicule

3. 1. *Campagne agricole 99/00*

Les extraits-eau des CP des quatre variétés testées ont montré un effet très significatif sur la croissance de la radicule de 'Manel' (Annexe-A; Tableau 4). A l'exception des extraits-eau-racines de 'Rihane', toutes les CP d'orge ont eu un effet inhibiteur sur la croissance de la radicule de 'Manel'. Les extraits-eau-tiges ont manifesté l'auto-toxicité (inhibition) la plus élevée dans 75% des cas testés (Tableau 5).

Tableau 5. Effets des extraits-eau des différentes CP de 'Manel', 'Martin', 'Espérance' et 'Rihane' sur la croissance (cm) de la radicule de 'Manel', CA 99/00.

	Croissance de la radicule			
Traitement	'Manel'	'Martin'	'Espérance'	'Rihane'
Contrôle	4,58 a[†]	4,13 a	3,95 a	3,88 a
Extraits-Racines	1,83 b	1,08 b	1,63 b	3,50 a
Extraits-Feuilles	1,68 bc	1,03 b	1,58 b	2,83 b
Extraits-Tiges	1,18 c	1,20 b	1,23 b	2,65 b
Extraits-Grains	1,65 bc	1,18 b	1,48 b	2,90 b
PPDS (5%)	0,62	0,51	0,68	0,58

† Les moyennes ayant les mêmes lettres au niveau de la même colonne ne sont pas significativement différentes au seuil de probabilité de 5 %.

3. 2. *Campagne agricole 00/01*

Les extraits-eau des CP d'orge ont montré un effet hautement significatif sur la croissance de la radicule de 'Manel' (Annexe-A; Tableau 4). Toutes les CP ont manifesté un effet inhibiteur sur la croissance de la radicule de 'Manel', avec les tiges exprimant l'effet le plus auto-toxique dans 50 % des cas (Tableau 6).

Tableau 6. Effets des extraits-eau des différentes CP de 'Manel', 'Martin', 'Espérance' et 'Rihane' sur la croissance (cm) de la radicule de 'Manel', CA 00/01.

Traitement	Croissance de la radicule			
	'Manel'	'Martin'	'Espérance'	'Rihane'
Contrôle	5,05 a[†]	3,85 a	4,60 a	4,68 a
Extraits-Racines	1,28 c	0,80 c	1,80 b	0,90 c
Extraits-Feuilles	1,25 c	1,25 b	1,58 bc	0,90 c
Extraits-Tiges	1,03 c	1,05 bc	0,95 d	0,98 c
Extraits-Grains	2,03 b	0,90 c	1,25 cd	2,03 b
PPDS (5%)	0,49	0,26	0,46	0,50

[†] Les moyennes ayant les mêmes lettres au niveau de la même colonne ne sont pas significativement différentes au seuil de probabilité de 5 %.

3. 3. *Campagne agricole 01/02*

Comme s'était le cas pour la CA précédente, les extraits-eau des CP ont montré un effet hautement significatif sur la croissance de la radicule de 'Manel' (Annexe-A; Tableau 4). Toutes les CP ont exprimé un effet inhibiteur sur la croissance de la radicule. Les tiges, étaient dans 75% des cas la CP la plus auto-toxique (Tableau 7).

Tableau 7. Effets des extraits-eau des différentes CP de 'Manel', 'Martin', 'Espérance' et 'Rihane' sur la croissance (cm) de la radicule de 'Manel', CA 01/02.

	Croissance de la radicule			
Traitement	'Manel'	'Martin'	'Espérance'	'Rihane'
Contrôle	5,98 a[†]	5,70 a	5,03 a	4,98 a
Extraits-Racines	2,83 c	3,28 bc	3,70 b	2,20 c
Extraits-Feuilles	2,83 c	2,90 cd	2,95 b	1,63 cd
Extraits-Tiges	2,20 c	2,28 d	2,10 c	1,18 d
Extraits-Grains	3,90 b	3,73 b	1,55 c	3,25 b
PPDS (5%)	0,88	0,66	0,78	0,64

[†] Les moyennes ayant les mêmes lettres au niveau de la même colonne ne sont pas significativement différentes au seuil de probabilité de 5 %.

Bien que les bio-essais de croissance du coléoptile ont montré un effet significatif des extratis-eau de toutes les variétés testées au cours de deux Ca sur trois (00/01, 01/02) (Annexe-A; Tableau 3). La signification du niveau de probabilité est en général inférieure à celui obtenu avec les bio-essais de la croissance de la radicule (Annexe-A; Tableau 5). En plus, les CP de deux variétés ('Martin', 'Rihane') n'ont pas affecté de façon significative la croissance du coléoptile de 'Manel' au cours de la première (99/00) CA (Annexe; Tableau 3). Par conséquent, seul la réponse de la croissance de la radicule aux extraits-eau de l'orge sera considérée pour étudier les effets liés à la CP, à la variété et à la CA. Aussi seule cette réponse, sera considérées pour les analyses de corrélation et de régression au cours des deux chapitres suivants.

4. Effet de la campagne agricole

L'effet de la CA sur l'inhibition de la croissance de la radicule de l'orge était hautement significatif (Annexe-A; Tableau 6). La dernière (01/02) CA était caractérisée par le déficit hydrique (770,7 mm) le plus sévère, par rapport à la première (99/00) et à la deuxième (00/01) où les déficit étaient respectivement de 29,3 et 66,0 mm (Annexe-A; Tableau 1). Alors que cette CA était caractérisée par le potentiel auto-toxique de l'orge le moins élevé, par rapport aux deux campagnes précédentes (Annexe-A; Figure 1). Dans la zone du semi-aride, il est connu que la croissance de l'orge et le rendement en grains, sont contrôlés par le comportement de la pluviométrie mensuelle. La distribution relative de la pluviométrie mensuelle (CV = 49,8 %) durant la deuxième CA, qui était la plus faible parmi les trois CA, parait contribuer au potentiel auto-toxique le plus élevé (Annexe-A; Figure 1 VS Tableau 1).

5. Effet de la variété

L'effet global de la variété était hautement significatif (Annexe-A; Tableau 6), avec 'Rihane' montrant l'effet inhibiteur (auto-toxicité) le moins prononcé sur la croissance de la radicule de 'Manel', indépendamment de la CA (Annexe-A; Figure 2). L'effet inhibiteur de la variété n'était pas stable à cause de la présence d'une interaction hautement significative entre la CA et la variété (Annexe-A; Tableau 6).

6. Effet de la composante de la plante

Les effets individuels des CP d'orge sont hautement significatifs sur la croissance de la radicule de 'Manel' (Annexe-A; Tableau 7). Indépendamment de la CA, l'effet le plus inhibiteur est enregistré sous l'action des tiges alors que l'effet le moins inhibiteur est celui des racines et des grains (Annexe-A; Figure 3). Vu l'interaction hautement significative entre la CA et la CP (Annexe-A; Tableau 7), l'effet inhibiteur de chaque CP n'est pas stable. Cette interaction est beaucoup moins prononcée que celle identifiée entre la CA et la variété (Annexe-A; Tableaux 6 VS 7).

ANNEXE-A: (Tableaux, Figures)

Tableau 1. Données climatiques[*] couvrant le cycle biologique de l'orge, CA (99/00, 00/01, 01/02).

Mois	Pluviométrie + I[**] (mm)			ETP[***] (mm)			Balance-eau (mm) (Pluviométrie + I) - ETP		
	99/00	00/01	01/02	99/00	00/01	01/02	99/00	00/01	01/02
Novembre	124,6	13,5	37,0	214,0	46,1	141,8	-89,4	-32,6	-104,8
Décembre	80,9	34,1	62,3	88,6	32,9	93,6	-7,7	1,2	-31,3
Janvier	8,6	71,0	90,9	14,6	32,0	95,8	-6,0	39,0	-4,9
Février	22,0	48,1	25,8	27,3	37,7	136,3	-5,3	10,4	-110,5
Mars	42,4	75,9	30,5	46,5	86,6	250,2	-33,5	-10,7	-219,7
Avril	73,4	78,4	107,8	73,4	96,7	193,4	0,0	-18,3	-85,6
Mai	200,0	101,9	50,2	87,4	156,9	264,1	112,6	-55,0	-213,9
Total	551,9	422,9	404,5	551,8	488,9	1175,2	-29,3	-66,0	-770,7
Moyenne[†]	78,8	60,4	57,8	78,8	69,8	167,9	-4,2	-9,4	-110,1
CV (%)	84,0	49,8	54,1	84,0	66,6	41,5	1439,9	322,4	74,8

*   Source: Station Météorologique de Boulifa/Kef, située à proximité de l'ESAK.
**   Irrigation.
***   Evapotranspiration potentielle.
†   Moyenne mensuelle.

Tableau 2. Carré moyen (CM) et degré de liberté (DL) de l'effet des extraits-eau[†] des différentes CP de 'Manel', 'Martin', 'Espérance' et 'Rihane' sur la germination (%) de 'Manel', CA (99/00, 00/01, 01/02).

CA	DL	CM			
		'Manel'	'Martin'	'Espérance'	'Rihane'
99/00	4	3,80*	1,33^{NS}	8,68***	5,83^{NS}
00/01	4	0,20^{NS}	0,55^{NS}	1,58^{NS}	0,93^{NS}
01/02	4	0,25^{NS}	7,63^{NS}	1,87^{NS}	2,50^{NS}

†   Extraits-eau de racines, feuilles, tiges et grains.
*, ***   Différences significatives, respectivement aux seuils de probabilité de 5 % et 0,1 %.
NS   Différence non significative au seuil de probabilité de 5 %.

Tableau 3. Carré moyen (CM) et degré de liberté (DL) de l'effet des extraits-eau[†] des différentes CP de 'Manel', 'Martin', 'Espérance' et 'Rihane' sur la croissance (cm) du coléoptile de 'Manel', CA (99/00, 00/01, 01/02).

CA	DL	CM			
		'Manel'	'Martin'	'Espérance'	'Rihane'
99/00	4	0,09*	0,02^{NS}	0,11*	0,03^{NS}
00/01	4	0,09***	0,20**	0,31**	0,17*
01/02	4	0,30*	0,09***	0,11*	0,73***

†   Extraits-eau de racines, feuilles, tiges et grains.
*, **, ***   Différences significatives, respectivement aux seuils de probabilité de 5 %, 1 % et 0,1 %.
NS   Différence non significative au seuil de probabilité de 5 %.

Tableau 4. Carré moyen (CM) et degré de liberté (DL) de l'effet des extraits-eau[†] des différentes CP de 'Manel', 'Martin', 'Espérance' et 'Rihane' sur la croissance (cm) de la radicule de 'Manel', CA (99/00, 00/01, 01/02).

		CM			
CA	DL	'Manel'	'Martin'	'Espérance'	'Rihane'
99/00	4	7,41***	7,25***	4,99***	1,07**
00/01	4	11,26***	6,61***	8,64***	10,57***
01/02	4	8,87***	6,77***	7,48***	9,19***

†   Extraits-eau de racines, feuilles, tiges et grains.
, *   Différences significatives, respectivement aux seuils de probabilité de 1 % et 0,1 %.
NS   Différence non significative au seuil de probabilité de 5 %.

Tableau 5. Probabilité (p > F) de l'effet des extraits-eau[†] des différentes CP de 'Manel', 'Martin', 'Espérance' et 'Rihane' sur la croissance (cm) du coléoptile et de la radicule de 'Manel', CA (99/00, 00/01, 01/02).

		p > F			
CA		'Manel'	'Martin'	'Espérance'	'Rihane'
99/00	Coléoptile	0,047*	0,78^{NS}	0,017*	0,45^{NS}
	Radicule	0,0001***	0,0001***	0,0001***	0,002**
00/01	Coléoptile	0,0002***	0,0014**	0,004**	0,014*
	Radicule	0,0001***	0,0001***	0,0001***	0,0001***
01/02	Coléoptile	0,042*	0,0001***	0,052*	0,0001***
	Radicule	0,0001***	0,0001***	0,0001***	0,0001***

†   Extraits-eau de racines, feuilles, tiges et grains.
*, **, ***   Différences significatives, respectivement aux seuils de probabilité 5 %, 1 % et 0,1 %.
NS   Différence non significative au seuil de probabilité de 5 %.

Tableau 6. ANOVA de l'effet de la CA et de la variété sur l'inhibition de la longueur de la radicule de 'Manel'.

Source de Variation	DL	SC	CM	F	p > F
Total	47	1,2116			
CA	2	0,4384	0,2192	58,37	0,0001***
Variété	3	0,1078	0,0359	9,57	0,0001***
CA × Variété	6	0,5301	0,0883	23,53	0,0001***
Erreur	36	0,1352	0,0038		

× Interaction.
*** Différence significative au seuil de probabilité 0,1 %.

Tableau 7. ANOVA de l'effet de la CA et de la CP d'orge sur l'inhibition de la longueur de la radicule de 'Manel'.

Source de Variation	DL	SC	CM	F	p > F
Total	47	0,6242			
CA	3	0,1195	0,0398	27,26	0,0001***
(CP)	2	0,4084	0,2041	139,68	0,0001***
CA × CP	6	0,0437	0,0072	4,98	0,0008***
Erreur	36	0,0526	0,0014		

× Interaction.
*** Différence significative au seuil de probabilité 0,1 %.

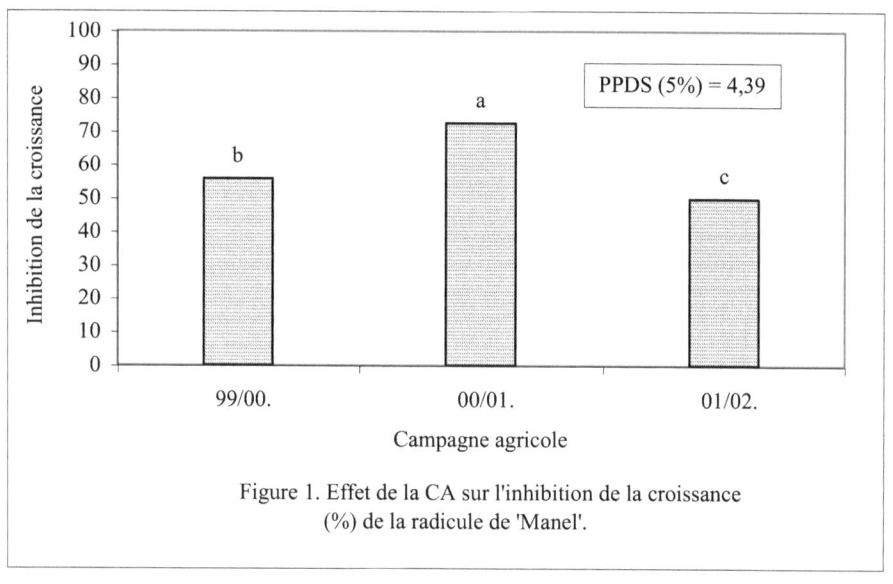

Figure 1. Effet de la CA sur l'inhibition de la croissance (%) de la radicule de 'Manel'.

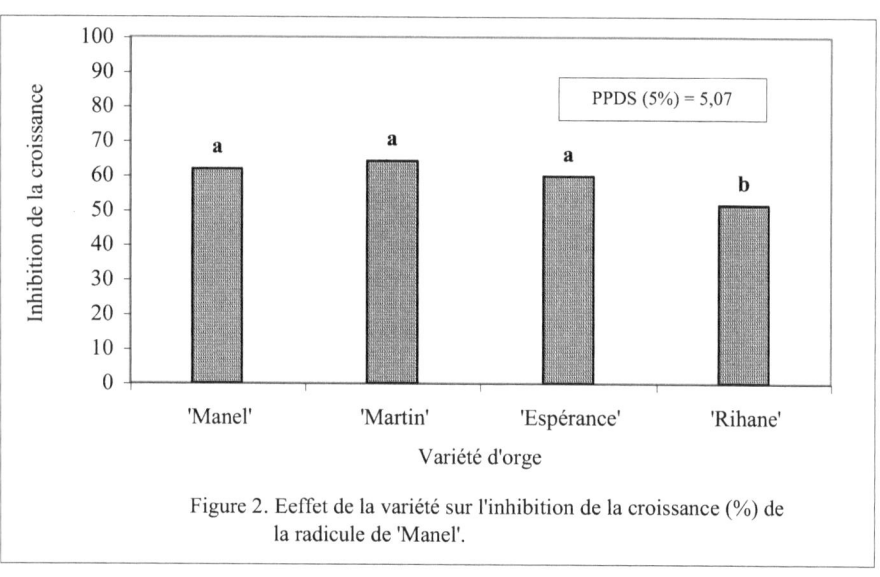

Figure 2. Eeffet de la variété sur l'inhibition de la croissance (%) de la radicule de 'Manel'.

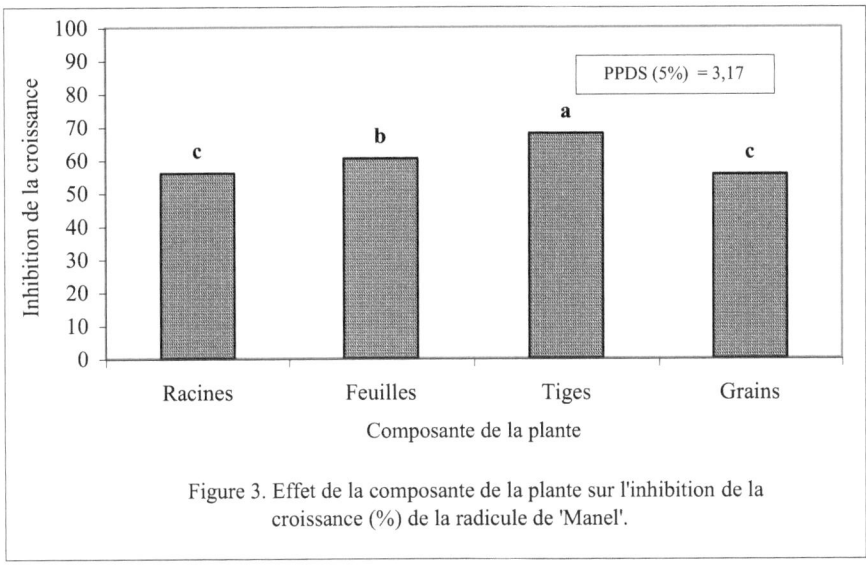

Figure 3. Effet de la composante de la plante sur l'inhibition de la croissance (%) de la radicule de 'Manel'.

Chapitre II. ROLE DES ACIDES PHENOLIQUES DANS L'EXPRESSION DE L'AUTO-TOXICITE DE L'ORGE

Le travail a été conçu et conduit pour une meilleure compréhension de la contribution des phénols dans l'expression du potentiel auto-toxique de quatre variétés d'orge cultivées durant trois (99/00, 00/01, 01/02) CA.

1. Inhibition de la croissance de la radicule

Comme on l'a déjà vu au cours du premier chapitre: à l'exception de l'extrait-eau-racines de 'Rihane' au cours de la première (99/00) CA, les extraits-eau de toutes les CP des quatre variétés d'orge ('Manel', 'Martin', 'Espérance', 'Rihane') ont réduit de façon significative la croissance de la radicule de la variété-test ('Manel'), à travers les trois CA (Tableau 8).

Tableau 8. Inhibition de la croissance (%) de la radicule de la variété-test 'Manel' par les extraits-eau des CP de quatre variétés d'orge, CA (99/00, 00/01, 01/02).

CP	Inhibition de la croissance de la radicule†			
	'Manel'	'Martin'	'Espérance'	'Rihane'
	99/00			
Racines	59,7*	73,7*	58,7*	9,1^{NS}
Feuilles	47,3*	74,8*	59,7*	27,1*
Tiges	74,2*	71,2*	69,2*	31,7*
Grains	63,9*	70,9*	62,4*	25,3*
	00/01			
Racines	74,3*	79,1*	61,0*	80,4*
Feuilles	75,2*	67,2*	65,8*	80,6*
Tiges	79,5*	72,6*	79,3*	78,9*
Grains	59,6*	76,6*	72,7*	55,4*
	01/02			
Racines	53,3*	41,1*	26,0*	56,0*
Feuilles	53,3*	48,2*	40,0*	68,0*
Tiges	63,3*	58,9*	58,0*	76,0*
Grains	35,0*	33,9*	68,0*	34,0*

$\dagger$ Les valeurs d'une même colonne et pour une CA, suivies par un astérisque, diffèrent significativement du contrôle au seuil de probabilité de 5 %.
NS Différence non significative avec le contrôle, au seuil de probabilité de 5 %.

2. Effet des extraits-eau sur le ratio: LC/LR
2.1. Campagne agricole 99/00

Les extraits-eau des CP des quatre variétés d'orge, collectées en 99/00, ont montré un effet significatif sur le ratio: LC/LR de la variété-test (Annexe-B; Tableau 8). A l'exception des extraits-eau-racines de 'Rihane', tous les extraits-eau ont manifesté un potentiel allélopathique qui stimule ce ratio de façon prononcée. Les extraits-eau-tiges ont exprimé l'effet le plus stimulateur dans 75 % des cas. (Tableau 9).

Tableau 9. Effet des extraits-eau des CP de 'Manel', 'Martin', 'Espérance' et 'Rihane' sur le ratio: LC/LR de 'Manel', CA 99/00.

Traitement	Ratio: LC/LR			
	'Manel'	'Martin'	'Espérance'	'Rihane'
Contrôle	1,05 b[†]	1,19 b	1,25 b	1,38 c
Extraits-Racines	2,86 a	4,69 a	3,36 a	1,53 bc
Extraits-Feuilles	2,93 a	4,72 a	3,25 a	1,86 ab
Extraits-Tiges	3,84 a	4,37 a	3,96 a	2,06 a
Extraits-Grains	3,23 a	4,25 a	3,64 a	1,81 ab
PPDS (5%)	1,27	1,23	1,48	0,36

† Les moyennes ayant les mêmes lettres au niveau de la même colonne ne sont pas significativement différentes au seuil de probabilité de 5 %.

2. 2. Campagne agricole 00/01

Les extraits-eau des CP des quatre variétés d'orge collectés en 00/01 ont montré un effet hautement significatif sur le ratio: LC/LR de la variété-test 'Manel' (Annexe-B; Tableau 8). L'effet de tous les extraits-eau, a été stimulateur pour ce ratio, avec les extraits-eau-tiges ayant l'effet le plus stimulateur dans 50 % des cas (Tableau 10).

Tableau 10. Effet des extraits-eau des CP de 'Manel', 'Martin', 'Espérance' et 'Rihane' sur le ratio: LC/LR de 'Manel'.

Traitement	Ratio: LC/LR			
	'Manel'	'Martin'	'Espérance'	'Rihane'
Contrôle	0,98 c	1,12 d	1,02 c	1,01 c
Extraits-Racines	4,27 a	5,59 a	2,65 b	5,48 a
Extraits-Feuilles	4,12 a	3,86 c	3,09 b	4,87 a
Extraits-Tiges	4,76 a	4,55 bc	4,47 a	4,94 a
Extraits-Grains	2,56 b	4,80 ab	3,63 ab	2,38 b
PPDS (5%)	0,96	0,90	1,03	0,73

† Les moyennes ayant les mêmes lettres au niveau de la même colonne ne sont pas significativement différentes au seuil de probabilité de 5 %.

2. 3. *Campagne agricole 01/02*

Pour cette CA, les extraits-eau des CP d'orge ont montré un effet très significatif sur le ratio: LC/LR (Annexe-B; Tableau 8). A l'exception des extraits-eau-grains de 'Manel' et des extraits-eau-racines d''Espérance', toutes les CP ont stimulé ce rapport de façon prononcée, avec les extraits-eau-tiges ayant l'effet le plus stimulateur dans 75 % des cas (Tableau 11).

Tableau 11. Effet des extraits-eau des CP de 'Manel', 'Martin', 'Espérance' et 'Rihane' sur le ratio: LC/LR de 'Manel'.

	Ratio: LC/LR			
Traitement	'Manel'	'Martin'	'Espérance'	'Rihane'
Contrôle	0,77 c	0,81 d	0,94 d	0,90 d
Extraits-Racines	1,56 ab	1,43 bc	1,38 cd	2,20 b
Extraits-Feuilles	1,82 ab	1,64 b	1,68 c	2,75 a
Extraits-Tiges	2,31 a	2,16 a	2,38 b	3,11 a
Extraits-Grains	1,27 bc	1,20 c	3,35 a	1,44 c
PPDS (5%)	0,78	0,29	0,61	0,44

† Les moyennes ayant les mêmes lettres au niveau de la même colonne ne sont pas significativement différentes au seuil de probabilité de 5 %.

Généralement, les tiges se sont manifesté comme étant la source d'extraits-eau ayant l'effet le plus stimulateur du ratio: LC/LR de la variété-test 'Manel', au cours de trois (99/00, 00/01, 01/02) CA. Alors que, ces mêmes extraits-eau ont été les plus inhibiteurs de la croissance de la radicule par rapport à celle du coléoptile de la même variété, indiquant que l'auto-toxicité de l'orge affecte plus la partie souterraine de l'orge, au stade de jeune plante.

3. Relation de l'inhibition de la croissance de la radicule avec les phénols-totaux

Au cours de ce travail l'auto-toxicité sera exprimée en terme d'inhibition de la croissance de la radicule. C'est uniquement, au cours de la deuxième (00/01) CA, que l'inhibition de la croissance de la radicule de l'orge (Y) était corrélée de façon positive au contenu en PT ($r = 0,42$) au seuil de probabilité de 10 %, avec une régression du type $Y = (PT + 0,25)^{0,01}$, ceci indépendamment de la variété et des CP (comme source de l'extrait-eau). Cette deuxième CA a coïncidé avec le potentiel auto-toxique le plus élevé et la variabilité de la pluviométrie mensuelle la plus faible, par rapport aux deux autres CA (Chapitre I: Annexe-A; Figure 1 VS Tableau 1). Quand la relation Y = f (PT) est étudiée au sein de la variété et indépendamment de la CP et de la CA, une corrélation positive entre Y et le contenu en PT (r = 0,56) au seuil de probabilité de 6 %, a été obtenue pour la variété d'orge 'Rihane'. La régression était du type $Y = (TP + 0,70)^{0,1}$.

La régression multiple de Y sur PT comme une variable quantitative (X_1 = PT) et la source de phénols (X_2 = racines, X_3 = feuilles, X_4 = tiges, X_5 = grains) comme variable qualitative, a montré que les tiges était l'unique variable significative pour la régression. Les paramètres significatifs pour l'équation correspondante à cette régression étaient : β_0 = 56,6 et β_4 = 11,1 au seuil de probabilité de 6 %. Malgré que les feuilles étaient caractérisées par les contenus en PT les plus élevés, ce sont les extraits-tiges qui ont exprimé une activité inhibitrice significative sur la croissance de la radicule, durant les trois CA (Annexe-B; Figure 4). Ceci suggère que l'inhibition était associée à la composition en phénols (composantes qualitatives) plutôt qu'aux concentrations en PT (composantes quantitatives). Le contenu en PT des variétés d'orge, était variable à travers les CA, ce qui indique l'influence des variations saisonnières (Annexe-B; Figure 5).

4. Relation de l'inhibition de la croissance de la radicule avec les acides phénoliques

Trois acides phénoliques (POH, VAN, SYR) sur cinq (POH, VAN, SYR, PCO, FER) étudiés étaient toujours présents et se trouvaient en différentes quantités dans les tiges des quatre variétés d'orge testées durant les trois CA. Les concentrations des acides phénoliques individuels variaient largement parmi les composantes de la plante, au sein et entre les variétés et à travers les CA (Annexe-B; Tableau 9). Le FER était l'acide phénolique, le moins fréquent, absent dans 54,2 % des cas, parmi les CP. Alors que le VAN, absent dans 12,5 % des cas, était l'acide phénolique le plus fréquent. Généralement, les concentrations des cinq acides phénoliques étaient plus élevées au cours de la deuxième (00/01) CA par rapport aux deux autres (99/00,

01/02) CA. Cette deuxième CA était relativement sèche et caractérisée par la variabilité de la pluviométrie mensuelle (CV = 49,8 %) la moins élevée (Annexe-A; Tableau 1).

Indépendamment de la CP, de la variété et de la CA, trois acides phénoliques (POH, SYR, PCO) étaient positivement corrélés avec l'inhibition de la croissance de la radicule, avec les niveaux de probabilité respectifs de 5 %, 9 % et 5 %. Le POH a exprimé la plus haute corrélation (r = 0,31; p < 0,05) (Annexe-B; Tableau 10).

5. Relation du ratio: LC/LR avec les phénols-totaux et les acides phénoliques

Comme s'était le cas pour l'inhibition de croissance de la radicule, seule la deuxième (00/01) CA s'est distingué par une corrélation (r = 0,46) positive entre le ratio: LC/LR (Y) et le contenu en PT, au seuil de probabilité de 8 %, avec une régression du type $Y = (PT + 0,25)^{0,01}$, ceci indépendamment de la variété et des CP. L'analyse de corrélation au sein de la variété indépendamment des CP et de la CA, a montré une corrélation (r = -0,53) négative pour 'Espérance', au seuil de probabilité de 8 % entre Y et PT. Cependant, la corrélation (r = 0,51) pour 'Rihane' était positive au seuil de probabilité de 9 % entre Y et le contenu en PT. La régression était du type $y = (PT + 8)^{0,01}$. Aucune corrélation significative n'a été trouvée, au seuil de probabilité inférieure à 10 %, au sein des CP, indépendamment de la variété et de la CA.

La régression multiple de Y sur PT (X1 = PT) comme une variable quantitative et la source de phénols (X_2 = racines, X_3 = feuilles, X_4 = tiges, X_5 = grains) comme une variable qualitative, n'a montré aucun effet significatif pour toutes les variables étudiées. Un seul acide phénolique (FER) était positivement corrélé (r = 0,41; p < 0,05) au ratio: LC/LR.

ANNEXE-B: (Tableaux, Figures)

Tableau 8. Carré moyen (CM) et degré de liberté (DL) de l'effet des extraits-eau[†] des différentes CP de 'Manel', 'Martin', 'Espérance' et 'Rihane' sur le ratio: LC/LR de 'Manel', CA (99/00, 00/01, 01/02).

		CM			
CA	DL	'Manel'	'Martin'	'Espérance'	'Rihane'
99/00	4	4,34**	8,97***	4,56*	0,29**
00/01	4	9,70***	11,77***	6,62***	15,03***
01/02	4	1,34**	1,01***	3,55***	3,34***

[†] Extraits-eau de racines, feuilles, tiges et grains.
*, **, ***, Différences significatives, respectivement aux seuils de probabilité de 5, 1 et 0,1 %.

Tableau 9. Contenus en cinq acides phénoliques [p-hydroxybenzoïque (POH), vanillique (VAN), syringique (SYR), p-coumarique (PCO), férulique (FER)] (µg d'équivalent d'acide tannique/g tissu sec) des CP d'orge, CA (99/00, 00/01, 01/02).

Variété	Acide phénolique	Racines			Feuilles			Tiges			Grains		
		CA-1	CA-2	CA-3	CA-1	CA-2	CA-3	CA-1	CA-2	CA-3	CA-1	CA-2	CA-3
'Manel'	POH	0,64	0,00	0,00	4,04	18,16	1,82	5,34	14,14	2,32	0,00	1,48	0,00
	VAN	0,10	0,46	0,00	7,02	17,42	3,26	5,30	19,28	5,24	0,00	1,62	0,22
	SYR	0,02	0,00	0,00	0,02	6,70	3,08	3,20	1,80	14,94	0,00	0,38	0,04
	PCO	0,02	0,00	0,00	0,08	2,26	0,42	0,66	1,18	5,36	1,34	0,70	0,00
	FER	0,02	0,00	0,00	0,00	0,68	0,00	0,08	0,96	18,20	0,00	0,82	0,00
'Martin'	POH	0,40	11,90	0,00	2,28	24,92	0,72	0,62	14,22	1,68	0,00	1,00	0,00
	VAN	0,44	9,88	0,02	3,04	49,02	6,38	0,20	6,30	0,88	0,00	1,00	0,46
	SYR	0,00	5,78	0,04	0,10	4,52	0,88	0,36	0,64	0,46	0,00	0,30	0,14
	PCO	0,00	1,36	0,00	0,06	2,92	0,64	0,08	2,74	1,08	0,00	0,38	0,00
	FER	0,00	0,50	0,00	0,00	11,08	0,00	0,08	1,96	20,40	0,00	0,04	0,00
'Espérance'	POH	0,20	3,48	0,02	0,60	0,26	3,50	6,54	6,90	1,68	0,00	0,02	0,00
	VAN	0,00	0,90	0,02	0,10	0,86	5,36	3,52	6,64	0,76	0,00	0,02	0,02
	SYR	0,00	3,28	0,00	0,00	1,18	2,28	3,62	8,86	1,62	0,00	0,00	0,56
	PCO	0,00	0,64	0,02	0,04	0,06	0,48	0,90	1,28	0,50	0,00	0,00	0,00
	FER	0,00	0,22	0,00	0,00	0,00	0,00	0,54	0,16	26,60	0,00	0,00	0,18
'Rihane'	POH	1,40	0,00	0,06	7,08	0,00	3,18	0,16	19,88	0,76	0,00	1,58	0,00
	VAN	1,38	0,14	0,04	1,92	0,00	1,92	0,20	8,96	1,78	0,26	1,16	0,10
	SYR	0,46	0,00	0,02	0,38	0,00	0,76	0,06	1,26	1,26	0,00	0,52	0,02
	PCO	0,00	0,02	0,00	0,10	0,00	0,34	0,00	2,74	0,36	0,00	0,06	0,00
	FER	0,00	0,02	0,00	0,00	0,00	2,66	0,00	1,06	28,76	0,00	0,18	0,00

Tableau 10. Coefficients de corrélation (r) entre l'ICRO et les concentrations des acides phénoliques individuels [p-hydroxybenzoïque (POH), vanillique (VAN), syringique (SYR), p-coumarique (PCO), ferulique (FER)] des CP de quatre variétés d'orge, CA† (99/00, 00/01, 01/02).

Acide phénolique	r
POH	0,31*
VAN	0,21^{NS}
SYR	0,25††
PCO	0,30*
FER	0,12^{NS}

† Degré de liberté = 46.
* Différence significative au seuil de probabilité de 5 %.
†† Différence significative au seuil de probabilité de 9 %.
NS Différence non significative au seuil de probabilité de 5 %.

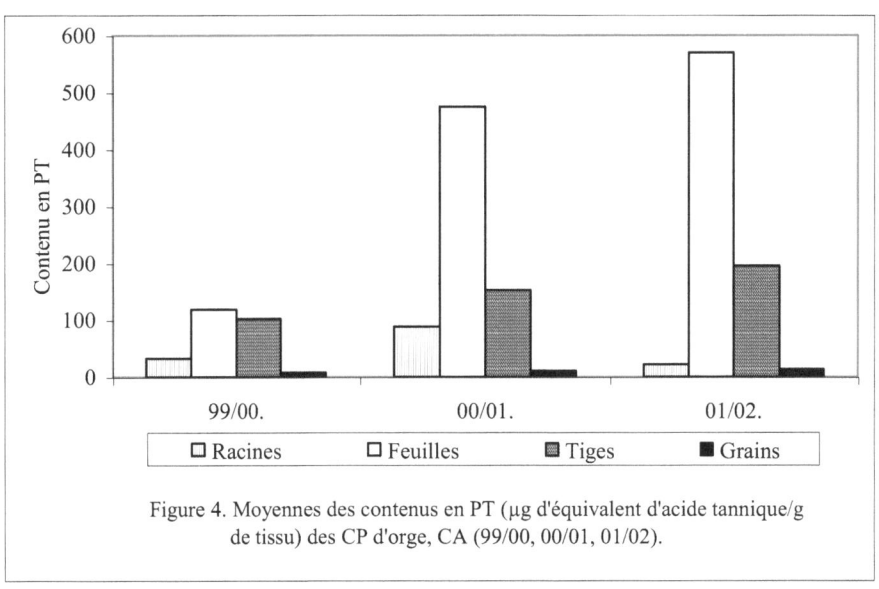

Figure 4. Moyennes des contenus en PT (µg d'équivalent d'acide tannique/g de tissu) des CP d'orge, CA (99/00, 00/01, 01/02).

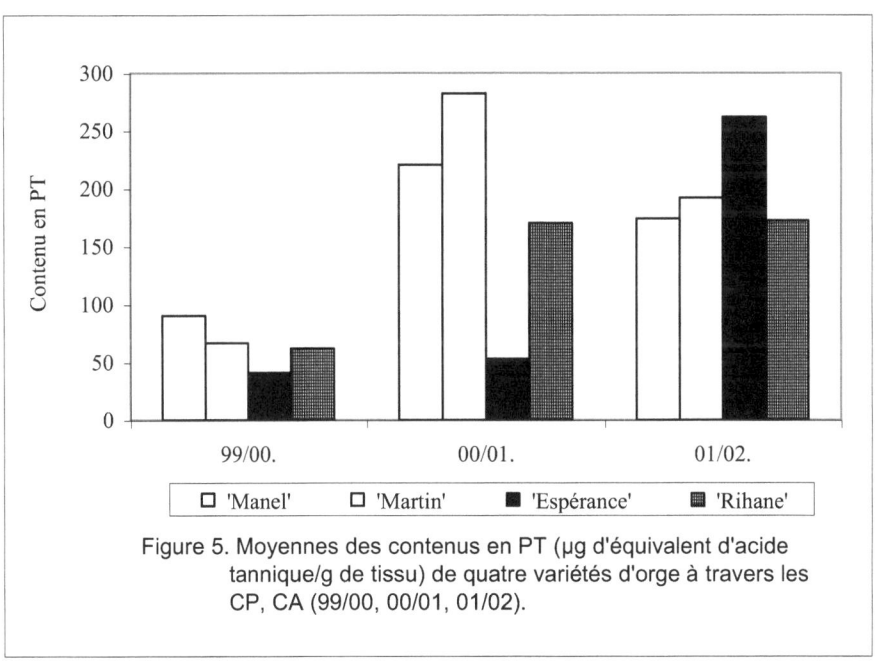

Figure 5. Moyennes des contenus en PT (µg d'équivalent d'acide tannique/g de tissu) de quatre variétés d'orge à travers les CP, CA (99/00, 00/01, 01/02).

Chapitre III. POTENTIEL AUTO-TOXIQUE DIFFERENTIEL DES SOLS CULTIVES AVEC QUATRE VARIETES D'ORGE

Au cours de ce dernier chapitre, le travail a été conduit uniquement au cours de la troisième (01/02) CA dans le but: i) d'étudier le potentiel auto-toxique des extraits-eau-sol où l'orge a été cultivée et des extraits-eau de la plante entière et ii) de caractériser la relation entre d'une part le contenu en PT et les concentrations individuelles de cinq acides phénoliques (POH, VAN, SYR, PCO, FER) des extraits-eau-sol et d'autre part l'auto-toxicité exprimée par les extraits-eau-sol, ensuite celle exprimée par les extraits-eau de la plante entière et enfin celle exprimée par les extraits-eau de chaque CP de l'orge à part (indépendamment de la variété).

1. Bio-essais de jeunes plantes
1. 1. *Effet des extraits-eau-sol*

Au cours de la troisième (01/02) CA, les extraits-eau-sol des quatre variétés testées ('Manel', 'Martin', 'Espérance', 'Rihane') ainsi que celui du contrôle-eau-sol (sol non cultivé) n'ont pas montré d'effet significatif sur la croissance du coléoptile de 'Manel'. Ces mêmes extraits ont eu un effet hautement significatif sur la croissance de la radicule de 'Manel' (Annexe-C; Tableau 11).

Les extraits-eau-sol des sols où les quatre variétés d'orge ont été cultivées ont inhibé la croissance de la radicule. Le maximum d'inhibition est enregistré par les extraits-eau-sol d''Espérance', réduisant la croissance de 28,5 % par rapport au contrôle-eau-sol et de 39,1 % par rapport au contrôle-eau-distillée. L'extrait-eau-sol de 'Manel' a exprimé l'effet le moins inhibiteur qui était de 17,0 % et 29,2 %, respectivement par rapport au contrôle-eau-sol et au contrôle-eau-distillée. Cependant, cet extrait n'avait pas d'effet significatif par rapport au contrôle-eau-sol. Selon l'effet inhibiteur de leurs extraits-eau-sol, par rapport au contrôle-eau-sol les variétés testées se sont classées comme suit: 'Espérance' > 'Martin' > 'Rihane' (l'effet des extraits de 'Manel' étant non significatif). Le contrôle-eau-sol a exprimé un effet légèrement inhibiteur (14,7 %) mais non significatif par rapport au contrôle-eau-distillée. Ce résultat indique que le sol non cultivé contiendrait des substances phyto-toxiques (Tableau 12).

Tableau 12. Effets des extraits-eau-sol des sols cultivés avec 'Manel', 'Martin', 'Espérance' et 'Rihane' sur la croissance (cm) de la radicule de 'Manel', CA 01/02.

Traitement	Croissance de la radicule
Contrôle-eau-distillèe	5,30 a[†]
Contrôle-eau-sol	4,52 ab
Extraits-eau-sol-'Manel'	3,75 bc
Extraits-eau-sol-'Martin'	3,25 c
Extraits-eau-sol-'Espérance'	3,23 c
Extraits-eau-sol-'Rihane'	3,28 c
PPDS (5%)	0,97

[†] Les moyennes ayant les mêmes lettres ne sont pas significativement différentes au seuil de probabilité de 5 %.

1. 2. *Effet des extraits-eau de la plante entière*

Comme c'était le cas pour les extraits-eau-sol, les extraits-eau de la plante entière des quatre variétés d'orge, n'ont pas montré d'effet significatif sur la croissance du coléoptile de 'Manel'. Alors qu'ils ont montré un effet hautement significatif sur la croissance de la radicule (Annexe-C; Tableau 12). Les extraits-eau des quatre variétés ont eu un effet inhibiteur, avec un maximum d'inhibition (68,8 %) par les extraits-eau de 'Rihane', presque le double de l'effet manifesté par les extraits-eau de 'Martin' (29,9 %) (Tableau 13).

Tableau 13. Effets des extraits-eau de la plante entière de 'Manel', 'Martin', 'Espérance' et 'Rihane' sur la croissance (cm) de la radicule de 'Manel', CA 01/02.

Traitement	Croissance de la radicule
Contrôle-eau-distillée	4,68 a[†]
Extraits-eau-'Manel'	2,60 c
Extraits-eau-'Martin'	3,28 b
Extraits-eau-'Espérance'	2,18 c
Extraits-eau-'Rihane'	1,46 d
PPDS (5%)	0,62

[†] Les moyennes ayant les mêmes lettres ne sont pas significativement différentes au seuil de probabilité de 5 %.

Selon leur effet inhibiteur, les variétés se sont classées comme suit: 'Rihane' > 'Espérance' > 'Manel' > 'Martin'. Ce classement n'est pas similaire à celui des effets inhibiteurs des extraits-eau-sol (Tableaux 12 VS 13). Ceci indique que les variétés dont les extraits-eau des tissus présentent le potentiel auto-toxique le plus élevé, ne sont pas nécessairement celles qui libèrent le plus de substances allélochimiques dans le sol.

2. Analyse du contenu en phénols-totaux

Il n'y avait pas de corrélation entre l'inhibition de la croissance de la radicule de l'orge par les extrait-eau-sol des quatre variétés et le contenu en PT de ces extraits. De même aucune corrélation n'a été trouvée entre l'inhibition de la croissance de l'orge par les extrait-eau de la plante entière des quatre variétés d'orge et le contenu en PT des extraits-eau-sol. Seul l'inhibition par les extraits des tiges, parmi les CP, était corrélée, ($r = -0,99^*$) de façon négative au contenu en PT des extraits-eau-sol (Tableau 14), au seuil de probabilité de 5 %. Ces memes extraits ont montré un effet inhibiteur qui était correlé au contenu en PT des CP de l'orge durantt les trois (99/00,

00/01, 01/02) CA (Chapitre II). Il y avait une grande variation du contenu en PT entre les différents extraits-eau-sol, avec ceux de 'Rihane' ayant le contenu le plus élevé alors qu'il était à un niveau indétectable pour les variétés 'Manel' et 'Martin'. Le contenu en PT du contrôle-eau sol non cultivé était plus de six fois supérieur à celui des extraits-eau-sol d'Espérance (Tableau 14).

Tableau 14. Contenus en phénols-totaux des extraits-eau-sol[†], CA 01/02.

Traitement	Contenus en PT[††]
Contrôle-eau-distillée	NA
Contrôle-eau-sol	1,27
Extraits-eau-sol-'Manel'	0,00
Extraits-eau-sol-'Matin'	0,00
Extraits-eau-sol-'Espérance'	0,20
Extraits-eau-sol-'Rihane'	3,89

[†] Extraits-eau-sol des sols cultivés avec quatre variétés d'orge ('Manel', 'Martin', 'Espérance', 'Rihane') et extraits-eau-sol d'un sol non cultivé.
[††] Phénols-totaux exprimés en µg d'équivalent d'acide tannique par gramme de sol.
NA Non applicable.

3. Analyse qualitative et quantitative des acides phénoliques

L'analyse des extraits-eau-sol a révélé que sur cinq acides phénoliques ciblés (POH, VAN, SYR, PCO, FER), seuls trois (VAN, SYR, PCO) étaient présents à de faibles concentrations, variant peu entre les sols où les quatre variétés d'orge testées ont été cultivées. Parmi ces trois acides phénoliques, deux (VAN, SYR) sont détectés dans les extraits-eau du contrôle-eau-sol. Le PCO a été détecté uniquement dans les extraits-eau-sol où les variétés d'orge 'Manel' et 'Espérance' ont été cultivées. Ce qui indique que le PCO provenait uniquement de ces deux variétés, par lessivage et/ou exsudation. La concentration du SYR dans les extraits-eau-sol des quatre variétés d'orge, était plus élevée que pour le contrôle-eau-sol. Ceci suggère que l'excédant de cet acide a été libéré par l'orge dans le sol. En plus, la concentration du VAN des extraits-eau-sol était à un niveau inférieur ou égal (pour les extraits-eau-sol de 'Martin') à sa concentration dans le contrôle-eau-sol, suggérant que cet acide pourrait avoir une origine autre que celle des lessivas et exsudats racinaires de l'orge (Tableau 15).

Tableau 15. Concentration des acides phénoliques (µg/g de sol) dans les extraits-eau-sol[†], CA 01/02.

Source des extraits-eau	Acide phénolique	Contenu
Contrôle-eau-sol	VAN	0,002
	SYR	0,001
	PCO	0,000
'Manel'	VAN	0,001
	SYR	0,003
	PCO	0,001
'Martin'	VAN	0,002
	SYR	0,010
	PCO	0,000
'Espérance'	VAN	0,000
	SYR	0,006
	PCO	0,001
'Rihane'	VAN	0,001
	SYR	0,002
	PCO	0,000

[†] Extraits-eau-sol des sols cultivés avec quatre variétés d'orge ('Manel', 'Martin', 'Espérance', 'Rihane') et extraits-eau-sol d'un sol non cultivé.

L'analyse de corrélation entre l'effet inhibiteur des trois sources d'extraits (sol cultivé en orge, plante entière, CP à part) sur la croissance de la radicule de 'Manel' et les contenus des trois (VAN, SYR, PCO) acides phénoliques détectés au niveau des extraits-eau-sol de l'orge, n'a montré aucune relation significative.

ANNEXE-C: (Tableaux, Figures)

Tableau 11. Carré moyen (CM) et degré de liberté (DL) de l'effet des extraits-eau-sol[†] sur la croissance du coléoptile et de la radicule de 'Manel', CA 01/02.

		CM	
SV	DL	Coléoptile	Radicule
Traitement	5	0,091[NS]	2,91[***]
Erreur	18	0,076	0,43
Total	23		

[†] Extraits-eau-sol des sols cultivés avec quatre variétés d'orge ('Manel', 'Martin', 'Espérance', 'Rihane') et extraits-eau-sol du sol non cultivé.
SV Source de variation.
DL Degré de liberté.
NS Différence non significative au seuil de probabilité de 5 %.
*** Différence significative au seuil de probabilité de 0,1 %.

--- ¤ ---

Tableau 12. Carré moyen (CM) et degré de liberté (DL) de l'effet des extraits-eau[††] de la plante entière d'orge sur la croissance du coléoptile et de la radicule de 'Manel', CA 01/02.

		CM	
SV	DL	Coléoptile	Radicule
Traitement	4	0,14[NS]	5,99[***]
Erreur	16	0,14	0,17
Total	19		

[††] Extraits-eau de la plante entière de quatre variétés d'orge ('Manel', 'Martin', 'Espérance', 'Rihane').
SV Source de variation.
DL Degré de liberté.
NS Différence non significative au seuil de probabilité de 5 %.
*** Différence significative au seuil de probabilité de 0,1 %.

PARTIE-IV

DISCUSSION ET CONCLUSION
1. Influence de la variété et de la saison sur l'auto-otxicité de l'orge

Au cours du premier chapitre, le bio-essai de germination, connu comme étant le bio-essai le moins sensible (Ben-Hammouda et al., 2002), s'est montré incapable de détecter le potentiel auto-toxique/Allélopathique de l'orge à travers trois (99/00, 00/01, 01/02) CA. La croissance de la radicule s'est montrée plus sensible pour la détection du dit potentiel que celle du coléoptile. Ces résultats sont en accord avec ceux rapportés par Hegde et Miller (1990), An et al. (1996), Ben-Hammouda et al. (2001, 2002) et Archambault et al. (2004). La croissance de la radicule a permis de détecter l'auto-toxicité différentielle des CP de l'orge. D'autres résultats ont identifié cet effet différentiel des CP chez le sorgho-grains (Ben-Hammouda et al., 1995-a) et le blé tendre (Zuo et Ma, 2007). L'auto-toxicité de l'orge variait avec la source d'extrait (Ben-Hammouda et al., 1995-a, 2001, 2002). En général, les extraits-eau-tiges étaient les plus inhibiteurs pour la croissance de la radicule de l'orge. Des résultats similaires ont été rapporté sur l'activité allelopathique élevée des extraits-tige de l'avoine (Guenzi et al., 1967) et du sorgho-grains (Ben-Hammouda et al., 1995-a). Alors qu'un travail plus récent a révélé que ce sont les extraits-feuilles de l'orge qui étaient les plus phytotoxiques (hétéro-toxicité) pour la croissance du chiendent (Ashrafi et al., 2009).

Les variétés d'orge ont exprimé des effets inhibiteurs différentiels sur la croissance de la radicule de la variété-test. Des différences variétales dans l'activité allélopathique ont été rapportées pour l'orge (Asghari et Tewari, 2007; Kalinova, 2009) et pour d'autres cultures (Guenzi et al., 1967; Ebana et al., 2001; Ben-Hammouda et al., 2002). La variation de l'auto-toxicité liée aux sources d'extraits (CP) était moins prononcée (plus stable) que celle liée à l'effet variétal. En effet, l'analyse statistique a démontré que l'interaction CA × variété était plus prononcée que l'interaction CA × CP.

L'auto-toxicité des variétés d'orge a été influencée par les conditions climatiques des CA, comme c'était le cas des jeunes plantes de luzerne (Guenzi et al., 1964) et de sorgho (Ben-Hammouda et al., 1995-a). Cet effet a été accentué avec l'intensification du déficit hydrique (Brachet et Mousseau, 1974). Au cours de ce travail, la deuxième CA (00/01) caractérisée par la variabilité de la pluviométrie mensuelle la plus basse, a exprimé le potentiel auto-toxique le plus élevé, ceci malgré une pluviométrie totale de 422,9 mm (> 400 mm), plus que suffisante pour la croissance et le développement de l'orge.

Cette étude a démontré que l'auto-toxicité des variétés d'orge cultivées dans la zone du semi-aride n'était pas stable, indiquant que l'auto-toxicité de l'orge est contrôlée par les facteurs environnementaux. Ceci ne doit pas masquer l'effet de la variété et son possible interaction avec les conditions de la conduite culturale.

2. Rôle des acides phénoliques dans l'expression de l'auto-toxicité de l'orge

C'est uniquement, au cours de la deuxième (00/01) CA que l'inhibition de la croissance de la radicule était corrélée au contenu en PT indépendamment de la variété et de la CP (comme source d'extraits). Cette CA était caractérisée par l'auto-toxicté la plus élevée ainsi que la variabilité de la pluviométrie mensuelle la plus faible. Ce résultat suggère que la production des phénols au niveau de la plante serait conditionnée, au moins partiellement, par les facteurs liés à l'environnement et que les phénols expliquerait en l'auto-toxicité élevée au cours de cette CA particulière. Aussi seule la variété 'Rihane' a présenté une corrélation significative entre l'inhibition de la croissance de la radicule et le contenu en PT, alors qu'elle présentait l'auto-toxicité la moins élevée par rapport aux autres variétés. Les PT joueraient un rôle majeur dans l'expression de l'auto-toxicité de l'orge chez 'Rihane'. Le contenu en PT des tiges était significativement corrélé à l'inhibition de la croissance. Les tiges ont été identifiées précédemment comme la CP la plus inhibitrice (Chapitre I), ce qui montre que l'allélopathie de la tige s'expliquerait par son contenu en PT.

L'auto-toxicité de l'orge est associée à la présence d'acides phénoliques spécifiques (POH, SYR, PCO) plutôt qu'aux contenus en PT. En effet la deuxième

CA (00/01), qui a manifesté l'auto-toxcité la plus élevée, a aussi enregistré les concentrations d'acide phénoliques les plus élevées. Des résultats similaires ont été rapportés par Ben-Hammouda et al. (1995-b) où l'allélopathie du sorgho-grains sur le blé tendre était corrélée aux acides phénoliques spécifiques. Les acides VAN et o-coumarique ont été aussi mentionnés comme substances allélochimiques de l'orge (Baghestani et al., 1999). Trois acides phénoliques (VAN, chlorogenique, FER), en plus du PCO était corrélés à l'allélopathie de l'orge sur la moutarde brune (*Brassica juncea* L.) (Asghari et Tewari, 2007). Les trois acides phénoliques qui ont été identifiés dans ce travail comme ayant un effet auto-toxique significatif, ont manifesté la même activité chez d'autres espèces de céréale tels que le cas du PCO chez le riz (Rimando et al., 2001) et des trois acides (POH, SYR, PCO) chez le sorgho-grains (Ben-Hammouda et al., 1995-b) et le blé tendre (Wu et al., 2000 et 2001-a).

L'originalité de ce travail se manifeste dans le fait que les trois acides phénoliques (POH, SYR, PCO) représente la base chimique de l'allélopathie/auto-toxicité exprimée par l'orge. La posiibilité de l'implication d'autres substances allélochimique n'est pas à écarter. En effet deux alcaloïdes (hordenine, gramine) ont été rapportés comme éléments majeurs du potentiel allélopathique de l'orge (Liu et Lovett, 1993-a; Hoult et Lovett, 1993). En effet d'autres substances allélochimiques ont été identifiées telles que la sorgholeone (p-benzoquinone) et le L-tryptophane comme ayant un rôle dans l'allélopathie, respectivement du sorgho (Einhellig et Souza, 1992) et de l'avoine (Kato-Noguchi et al., 1994-a; Kato-Noguchi et al., 1994-b). Le DIMBOA (2, 4-dihydroxy-7- methoxy-1, 4–benzoxazin-3-1) est aussi une substance allélochimique impliquée dans l'allélopathie du blé tendre (Wu et al., 2001-b) et du maïs (Kato-Noguchi, 1999).

Des grandes différences dans les concentrations des acides phénoliques, ont été observées parmi les CP au sein de la même variété et entre les variétés d'orge testées durant les trois CA. Des hybrides de sorgho-grains ont exprimé un comportement similaire (Ben-Hammouda et al., 1995-b). Les fluctuations du contenu en acides phénoliques à travers les CA, pour une même variété sont partiellement dues aux variations des conditions climatiques. Le contenu en phénols du malt et de l'orge était plus, tributaire des conditions de croissance que de l'effet variété (Jacobsen et Lie, 1974). Une importante variabilité du contenu en phénols d'un génotype de sorgho du Sahel sur deux campagnes paraissait être plus lié aux conditions climatiques qu'à la nature du sol et à la conduite culturale (Sène et al., 2001). Sous stress hydrique, le contenu des tissus du tournesol en acides phénoliques (chlorogenique, isochlorogenique) a augmenté (Del Moral, 1972). L'exsudation du DIBOA par le maïs était influencée par la durée d'exposition à la lumière (Kato-Nogushi, 1999). De même la production de l'hordenine par les feuilles d'orge était plus contrôlée par l'environnement que par les facteurs génétiques (Lovett et al., 1994).

Généralement, les extraits-eau de l'orge ont manifesté un effet allélopathique stimulateur sur le ratio: LC/LR de la variété-test 'Manel'. La stimulation de ce ratio était corrélée à la concentration du FER, plutôt qu'au contenu en PT. Ceci pourrait s'expliqué par le fait que le FER favoriserait le développement de la partie aérienne au détriment de la partie racinaire de l'orge au stade jeune plante. Des résultats similaires ont été rapportés sur l'effet de composés phénoliques du lantanier sur la croissance de jeunes plantes de ray-grass d'Italie (Singh et al., 1989). Le FER était le moins fréquent parmi les CP, suggérant un effet qualitatif de cet acide phénolique sur le ratio: LC/LR.

Parmi les trois acides phénoliques (POH, SYR, PCO), qui étaient impliqués dans l'expression de l'auto-toxicité de l'orge: L'acide vanillique (VAN), le plus fréquent, et l'acide ferulique (FER), le moins fréquent, n'ont pas présenté de corrélation significative avec l'inhibition de la croissance de la radicule de l'orge. Ces résultats montrent que l'auto-toxicité de l'orge est beaucoup plus associée aux effets qualitatifs et synergiques des acides phénoliques individuels plutôt qu'à leurs effets quantitatifs.

'Rihane' s'est distinguée comme l'unique variété ayant le contenu en PT corrélé significativement à l'auto-toxicité de l'orge. Cependant, deux variétés ('Espérance', 'Rihane') ont eu les contenus en PT significativement corrélés au ratio: LC/LR. Ceci suggère que le contenu en PT peut jouer un rôle essentiel dans l'allélopathie d'une variété et avoir un rôle moindre chez une autre. Ces résultats sont conformes aux résultats obtenus avec des accessions de blé tendre (Wu et al., 2000, 2001-a et 2001-c) et des cultivars de riz (Caassi-Lit et al., 1997).

3. Potentiel auto-toxique différentiel des sols cultivés avec quatre variétés d'orge

Au cours du dernier chapitre, le bio-essai de la croissance de la radicule s'est révélé, encore une fois comme le plus fiable pour détecter l'auto-toxicité des extraits-eau-sol et des extraits-eau de la plante entière au cours de la troisième (01/02) CA. Ce potentiel était variable entre les variétés d'orge testées.

Le contrôle-eau-sol (sol non cultivé) a exprimé un effet inhibiteur sur la croissance de la radicule qui pourrait être attribué à l'activité des microorganismes au niveau du sol (Waniska et al., 1988; Sturz et Christie, 1996; Ito et al., 1998). L'auto-toxicité des sols cultivés en orge différait de façon significative, entre les variétés. L'effet inhibiteur des extraits-eau-sol de sols cultivés en orge, par rapport à celui du contrôle-eau-sol, est du en grande partie aux substances allélochimiques libérées par les quatre variétés d'orge. Ces résultats sont en accords avec ceux obtenus pour l'allélopathie des sols où les résidus de l'orge et de la luzerne ont été incorporés (Read et Jensen, 1989) ainsi que de sols cultivés en sorgho-grains (Ben-Hammouda et al., 1995-b) et en riz (Om et al., 2002). Ces substances allélochimiques ont été libérées dans le sol par lessivage (Yamamoto, 2009) et/ou exsudation par les racines (Bertin et al., 2003).

L'analyse de corrélation, entre d'une part les effets inhibiteurs des extraits-eau: i) de sol cultivé en orge, ii) de la plante entière et iii) individuels des différentes CP d'orge et d'autre part le contenu en PT des extraits-eau-sol, a révélé que seul l'effet inhibiteur des extraits-eau-tiges était négativement corrélé au contenu en PT, indiquant que la variété ayant les extraits-eau-tiges les plus inhibiteurs est celle qui libère le moins de phénols dans le sol.

Parmi les cinq acides phénoliques testés (POH, VAN, SYR, PCO, FER), seul trois (VAN, SYR, PCO) ont été identifiés dans les extraits-eau-sol. Ces résultats sont différents de ceux obtenus par Sène et al. (2001), où les composés phénoliques identifiés dans les parties végétatives des plantes de sorgho se sont tous retrouvés dans le sol où cette plante a été cultivée. Aucun des trois acides (VAN, SYR, PCO) n'était corrélé à l'effet inhibiteur des extraits-eau-sol, suggérant que la contribution de ces acides phénoliques dans l'auto-toxicité de l'orge n'a pas été établie. D'autres substances allélochimiques non ciblées par ce travail préliminaire pourraient être à l'origine d'une telle auto-toxicité.

PARTIE-V

CONCLUSION GENERALE ET PERSPECTIVES

L'auto-toxicité de l'orge variait parmi les CP de la même variété, entre les variétés et à travers les CA. Ce potentiel est contrôlé par les facteurs climatiques. Toutefois, l'effet variétal reste présent et peut interagir avec les conditions de la conduite culturale. Le potentiel allélopathique de l'orge s'est manifesté par un effet stimulateur du ratio: LC/LR.

Le contenu en PT n'explique que partiellement l'auto-toxicité de l'orge ainsi que la stimulation du ratio: LC/LR. La production des phénols paraît largement contrôlée par les variations des facteurs climatiques. Trois acides phénoliques (POH, SYR, PCO), parmi cinq testés, sont significativement associés à l'auto-toxicité de l'orge. Cependant, un seul (FER) est significativement associé à la stimulation du ratio: LC/LR. L'auto-toxicité est beaucoup plus associée aux effets qualitatifs et synergiques des acides phénoliques individuels qu'à leurs effets quantitatifs.

Les plantes d'orge ont exprimé un effet allélopathique auto-toxique au niveau des sols où elles ont été cultivées. Cet effet pourrait s'ajouter après la moisson à celui des résidus laissés à la surface (semis-direct) ou incorporés dans le sol (semis traditionnel), augmentant ainsi l'auto-toxicité globale de l'orge. Dans le cas de monoculture de l'orge, ceci pourrait affecté les rendements de la culture en succession.

L'orge a libéré dans le sol deux acides phénoliques (VAN, SYR), par lessivage et/ou exsudation. Les données obtenues en une seule campagne sont très insuffisantes pour se déclarer sur le rôle joué par les phénols dans l'expression de l'auto-toxicité de l'orge au niveau du sol.

Les bio-essais menés en conditions contrôlées de laboratoire ont détecté l'activité auto-toxique de l'orge. Ce qui pourrait être un outil appréciable pour estimer à un certain degré, quelle variété particulière affecterait la croissance d'une autre variété en plein champ. Permettant ainsi un choix plus orienté des variétés dans une séquence orge/orge (monoculture). Surtout que l'orge est une espèce à risque d'auto-toxicité élevée, spécialement dans les conditions du semi-aride. En effet, l'auto-toxicité combinée au stress hydrique aux stades critiques de la croissance de la plante pourrait amplifié l'effet dépressif sur le rendement en grain. Ceci ne devrait pas occulter le fait que ces résultats obtenus en conditions contrôlées, devrait être vérifié au niveau de champs, sur les paramètres agronomiques de rendement et de production.

Le travail sur l'auto-toxicité exprimée par les sols cultivés en orge devrait être continué, pour se prononcer sur le rôle exact joué par les phénols. En plus d'autres substances allélochimiques, en plus des phénols, devraient être considérées. En particulier les deux alcaloïdes (hordenine, gramine) cité dans la bibliographie comme étant responsable de l'allélopathie de l'orge. Bien sure ceci reste à vérifier pour les variétés d'orge Tunisienne.

BIBLIOGRAPHIE

Adler, M. J., Chase, C. A. 2007. Comparison of the Allelopathic Potential of Leguminous Summer Cover Crops: Cowpea, Sunn Hemp, and Velvetbean. Hort. Sci. 42:289–293.

Ahn, J. K., Chung, I. M. 2000. Allelopathic potential of rice hulls on germination and seedling growth of barnyardgrass. Agron. J. 82: 555-560.

Al Hamdi, B., Inderjit, Olofsdotter, M., Streibig, J. C. 2001. Laboratory bioassay for phytotoxicity: an example from wheat straw. Agron. J. 92: 1162-1167.

An, M., Pratley, J. E., Haig, T. 1996. Differential phytotoxicity of Vulpia species and Their plant parts. Allelopathy J. 3: 185-194.

Anaya, A. L., Hernandez-Bautista, B. E., Jimenez-Estrada, M., Valesco-Ibarra, L. 1992. Phenylacetic acid as a phytotoxic compound of corn pollen. J. Chem. Ecol. 18: 879-905.

A. O. A. C. 1990. Official Methods of Analysis of the Association of Official Analytical Chemists. Tannin. 15-th ed. Washington, D. C.

Appel, H. M. 1993. Phenolics in ecological interactions: the importance of oxidation. J. Chem. Ecol. 19: 1521-1552.

Archambault, D. J., Slaski, J. J., Li, X., Winterhalder, K. 2004. A Rapid, Sensitive, Seedling-Based Bioassay for the Determination of Toxicity of Solid and Liquid Substrates and Plant Tolerance. Soil Sediment Contam. 13:53-63.

Asghari, J., Tewari, J. P. 2007. Allelopathic potential of eight barley cultivars on Brassica jucea (L) Czern. And Setaria viridis (L) p. Beauv. J. Agric. Sci. Technol. 9: 165-176.

Ashrafi, Z. Y., Sadeghi, S., Mashhadi, H. R. 2009. Inhibitive effects of barley (*Hordeum vulgare*) on germination and growth of seedling quackgrass (Agropyrum repens). Icelandic Agic. Sci. 22: 37-43.

Baghestani, A., Lemieux, C., Leroux, G. D., Baziramakenga, R., Simard, R. R. 1999. Determination of allelochemicals in spring cereal cultivars of different competitiveness. Weed Sci. 47: 498-504.

Balakumar, T., Vincent, H. B., Paliwal, K. 1993. On the interaction of UV-B radiation (280-315 nm) with water stress in crop plants. Physiol. Plant. 87: 217-222.

Baleroni, C. R. S., Ferrarese, M. L. L., Souza, N. E., Ferrarese-Filho, O. 2000. Lipid accumulation during canola seed germination in response to cinnamic acid derivatives. Biol. Plant. 43: 313-316.

Barazani, O., Friedman, J. 2001. Allelopathic bacteria and their impact on higher plants. Crit. Rev. Microbiol. 27: 41-55.

Barkosky, R. R., Einhellig, F. A. 2003. Allelopathic interference of plant-water relationships by parahydroxybenzoic acid. Bot. Bull. Acad. Sin. 44: 53-58.

Baziramakenga, R., Leroux, G. D., Simard, R. R. 1995. Effects of benzoic and cinnamic acids on membrane permeability of soybean roots. J. Chem. Ecol. 21: 1271-1285.

Bell, D. T., Koeppe, D. E. 1972. Noncompetitive effects of giant foxtail on the growth of corn. Agron. J. 64: 321-325.

Ben-Hammouda, M., Kremer, R. J., Minor, H. C. 1995-a. Phytotoxicity of extracts from sorghum plant components on wheat seedlings. Crop Sci. 35: 1652-1656.

Ben-Hammouda, M., Kremer, R. J., Minor, H. C., Sarwar, M. 1995-b. A chemical Basis for differential allelopathic potential of sorghum hybrids on wheat. J. Chem. Ecol. 21: 775-786.

Ben-Hammouda, M., Oueslati, O. 1999. A germination bioassay to test the allelopathic potential of barley. Rachis. 18: 51-54.

Ben-Hammouda, M., Ghorbal, H., Kremer, R. J., Oueslati, O. 2001. Allelopathic effects of barley extracts on germination and seedlings growth of bread and durum wheat. Agronomie. 21: 65-71.

Ben-Hammouda, M., Ghorbal, H., Kremer, R. J., Oueslati, O. 2002. Autotoxicity of barley. J. Plant Nutr. 25: 1155-1161.

Ben-Hammouda, M., Oueslati, O., Ben-Ali, I. 2003. Persistence of the allelopathic potential of durum wheat residues. *IN*: Proceeding of the 2-nd World Congress on Conservation Agriculture. Iguassu falls. Parana/Brazil.

Bertin, C., Yang, X., Weston, L. A. 2003. The role of root exudates and allelochemicals in the rhizosphere. Plant and Soil 256: 67–83.

Bessam, F., Mrabet, R. 2003. Long-term changes in soil organic matter under conventional tillage and no-tillage systems in semiarid Morocco. Soil Use and Manag. 19: 139-143.

Blum, U., King, L. D., Gerig, T. M., Lehman, M. E., Worsham, A. D. 1997. Effects of clover and small grain cover crops and tillage techniques on seedling emergence of some dicotyledonous weed species. Am. J. Alternative Agric. 12: 146-161.

Blum, U. 1998. Effects of microbial utilization of phenolic acids and their phenolic acid breakdown products on allelopathic interactions. J. Chem. Ecol. 24: 685-708.

Böhm, L., Arismendi, N., Ciampi, L. 2009. Nematicidal activity of leaves of common shrub and tree species from Southern Chile against *Meloidogyne hapla*. Cien. Inv. Agr. 36: 249-258.

Brachet, J., Mousseau, M. 1974. Influence de la carence hydrique sur la teneur en composés phénoliques de la *Calluna vulgaris* L. Physiol. Vég. 12: 123-133.

Burgos, N. R., Talbert, R. E., Mattice, J. D. 1999. Cultivar and age differences in the production of allelochemicals by *secale cereale*. Weed Sci. 47: 481-485.

Buxton, D. R., Anderson, I. C., Hallam, A. 1999. Performance of sweet and forage sorghum grown continuously, double-cropped with winter rye, or in rotation with soybean and maize. Agron. J. 91: 93-101.

Caamal-Maldonado, J. A., Jimenez-Osornio, J. J., Torres-Barragán, A., Anaya, A. L. 2001. The use of allelopathic legume cover and mulch species for weed control in cropping systems. Agron. J. 93: 27-36.

Caasi-Lit, M., Whitecross, M. I., Nayudu, M., Tanner, G. J. 1997. UV-B irradiation induces differential leaf damage, ultra structural changes and accumulation of specific phenolic compounds in rice cultivars. Aust. J. Plant Physiol. 24: 261-274.

Casler, M. D., Jung, H. J. G. 1999. Selection and evaluation of smooth brome grass clones with divergent lignin or etherified ferulic acid concentration. Crop Sci. 39: 1866-1873.

Cast, K. G., McPherson, J. K., Pollard, A. J., Krenzer, E. G. Jr., Waller, G. R. 1990. Allelochemicals in soil from no-tillage versus conventional-tillage wheat (*Triticum aestivum*) fields. J. Chem. Ecol. 16: 2277-2289.

Cherny, J. H., Anliker, K. S., Albrecht, K. A., Wood, K. V. 1989. Soluble phenolic monomers in forage crops. J. Agric. Food. Chem. 37: 345-350.

Chon, S-Uk., Coutts, J. H. Nelson, C. J. 2000. Effects of light, growth media and seedling orientation on bioassays of alfalfa autotoxicity. Agron. J. 92: 715-720.

Chon, S-Uk., Jang, H. J., Kim, D. K., Kim, Y. M., Boo, H. O., Kim, Y. J. 2005. Allelopathic potential in lettuce (*Lactuca sativa* L.) plants. Sci. Hortic. 106: 309-317.

Christian, D. G., Miller, D. P. 1986. Straw incorporation by different tillage systems and the effect on growth and yield of winter oats. Soil and Tillage Res. 8: 239-252.

Christian, D. G., Bacon, E. T. G., Brockie, D., Glen, D., Gutteridge, R. J., Jenkyn, J. F. 1999. Interactions of straw disposal methods and direct drilling of cultivations on winter wheat (*Triticum aestivum*) grown in a clay soil. J. Agric. Engng. Res. 73: 297-309.

Connick, W. J., J. M. Bradow and M. Legendre. 1989. Identification and bioactivity of volatile allelochemicals from amaranth residues. J. Agric. Food Chem. 37:792-796.

Corcuera, L. J. 1993. Biochemical basis for the resistance of barley to aphids. Phytochemistry. 33: 741-747.

Czarnota, M. A., Paul, R. N., Dayan, F. E., Nimbal, C. I., Weston, L. A. 2001. Mode of action, localization of production, chemical nature, and activity of sorgoleone: a potent PS II inhibitor in *sorghum* spp. root exudates. Weed Technol. 15: 813-825.

Czarnota, M. A., Rimando, A. M., Weston, L. A. 2003. Evaluation of root exudates of seven sorghum accessions. J. Chem. Ecol. 29: 2073-2083.

Dathe, W., Parry, A. D., Heald, J. K., Scott, I. M., Miersch, O., Horgan, R. 1994. Jasmonic acid and abscisic acid in shoots, coleoptiles, and roots of wheat seedlings. J. Plant Growth Regul. 13: 59-62.

Dekker, J. A., Nachtergaele, F. O., Spaargaren, O. C. 1998. World Reference Base for Soil Resources. Acco publishers. 1st ed. Leuven/Belgium.

Del Moral, R. 1972. On the variability of chlorogenic acid concentration. Oecologia. 9: 289-300.

Donahue, R. L., Miller, R. W., Shickluna, J. C. 1983. Soils: An Introduction to Soils and Plant Growth: Soil Physical Properties 5-th ed. Prentice-Hall, Inc., N. J.

Dowd, P. F., Vega, F. E. 1996. Enzymatic oxidation products of allelochemicals as a basis for resistance against insects: effects on the corn leafhopper *Dalbulus maidis*. Nat. Toxins. 4: 85-91.

Ebana, K., Yan, W., Dilday, R. H., Namai, H., Okuno, K. 2001. Variation in the allelopathic effect of rice with water soluble extract. Agron. J. 93: 12-16.

Einhellig, F. A., Rasmussen, J. A. 1989. Prior cropping with grain sorghum inhibits weeds. J. Chem. Ecol. 15: 951-960.

Einhellig, F. A., Souza, I. F. 1992. Phytotoxicity of sorgoleone found in grain Sorghum root exudates. J. Chem. Ecol. 18: 1-11.

Einhellig, F. A. 1995. Mechanism of action of allelochemicals in allelopathy. *IN*: ACS Symposium. American Chemical Society. Washington, D. C.

Einhellig, F. A. 1996. Interactions involving allelopathy in cropping systems. Agron. J. 88: 886-893.

El-Khatib, A. A. 1997. Does allelopathy involve in the association pattern of *trifolium resupinatum* ?. Biol. Plant. 40: 425-431.

Emmons, C. L., Peterson, D. M. 2001. Antioxidant activity and phenolic content of oats as affected by cultivar and location. Crop Sci. 41: 1676-1681.

Fernández-Aparicio, M., Sillero, J. C., Rubiales, D. 2007. Intercropping with cereals reduces infection by *Orobanche crenata* in legumes. Crop Prot. 26: 1166-1172.

Ferrier, M.D., Butler Sr, B.R., Terlizzi, D.E., Lacouture, R.V. 2005. The effects of barley straw (*Hordeum vulgare*) on the growth of freshwater algae. Bioresource Technol. 96: 1788–1795

Finney, M.M., Danehower, D.A., Burton, J.D. 2005. Gas chromatographic method for the analysis of allelopathic natural products in rye (*Secale cereale* L.). J. Chromatog A. 1066: 249–253

Fisk, J. W., Hesterman, O. B., Shrestha, A., Kells, J. J., Harwood, R. R., Squire, J. M., Sheaffer, C. C. 2001. Weed suppression by annual legume cover crops in no-tillage corn. Agron. J. 93: 319-325.

Fujii, Y. 2003. Allelopathy in the natural and agricultural ecosystems and isolation of potent allelochemicals from velvet bean (*Mucuna pruriens*) and hairy vetch (*Vicia villosa*). Biol. Sci. Space. 17: 6-13.

Gagliardo, R. W., Chilton, W. S. 1992. Soil transformation of 2(3H)-benzoxazolone of rye into phytotoxic 2-amino-3H-phenoxazin-3-one. J. Chem. Ecol. 18: 1683-1691.

Gatford, K. T., Eastwood, R. F., Halloran, G. M. 2002. Germination inhibitors in bracts surrounding the grain of *Triticum tauschii*. Functional Plant Biol. 29: 881-890.

Ganeva, G., Zozikova E. 2007. Effect of increasing cu^{2+} concentrations on growth and content of free phenols in two lines of wheat *(triticum aestivum)* with different tolerance. Gen. Appl. Plant Physiol. 33: 75-82.

Glinwood, R., Petterson, J., Ahmed, E., Ninkovic, V., Birkett, M., Pickett, J. 2003. Change in acceptability of barley plants to aphids after exposure to allelochemicals from couch-grass (*Elytrigia repens*). J. Chem. Ecol. 29: 261-274.

Guenzi, W. D., McCalla, T. M. 1962. Inhibition of germination and seedling development by crop residues. Soil Sci. Soc. Proc. 26: 456-458.

Guenzi, W. D., Kehr, W. R., McCalla, T. M. 1964. Water soluble phytotoxic substances in alfalfa forage: variation with variety, cutting, year and stage of growth. Agron. J. 56: 499-500.

Guenzi, W. D., McCalla, T. M., Norstadt, F. A. 1967. Presence and persistence of phytotoxic substances in wheat, oat, corn and sorghum residues. Agron. J. 59: 163-165.

Hairston, J. E., Sanford, J. O., Pope, D. F., Horneck, D. A. 1987. Soybean-wheat double cropping: implications from straw management and supplemental nitrogen. Agron. J. 79: 281-286.

Halbrendt, J. M. 1996. Allelopathy in the management of plant-parasitic nematodes. J. Nematol. 28: 8-14.

Hanson, A. D., Ditz, K. M., Singletary, G. W., Leland, T. J. 1983. Gramine accumulation in leaves of barley grown under high-temperature stress. Plant Physiol. 71: 896-904.

Harper, J. R., Balke, N. E. 1981. Characterization of the inhibition of K^+ absorption in oat roots by salicylic acid. Plant Physiol. 68: 1349-1353.

Hegde, R. S., Miller, D. A. 1990. Allelopathy and autotoxicity in alfalfa: Characterization and effects of preceding crops and residue incorporation. Crop Sci. 30: 1255-1259.

Hegde, R. S., Miller, D. A. 1992. Scanning electron microscopy for studying root morphology and anatomy in alfalfa autotoxicity. Agron. J. 84: 618-620.

Hejl, A.M., Einhellig, F. A., Rasmussen, J. A. 1993. Effects of juglone on growth, photosynthesis, and respiration. J. Chem. Ecol. 19: 559-568.

Hoult, A. H. C., Lovett, J. V. 1993. Biologically active secondary metabolites of barley: III: A method for identification and quantification of hordenine and gramine in barley by High-Performance Liquid Chromatography. J. Chem. Ecol. 19: 2245-2254.

Howard, D. D., Chambers, A. Y., Lessman, G. M. 1998. Rotation and fertilization effects on corn and soybean yields and soybean cyst nematode populations in a no-tillage system. Agron. J. 90: 518-522.

Hulugalle, N. R., Entwistle, P. C., Robert, G., Finlay, L. A. 1998. Allelopathic behavior of grain legumes in cotton-based farming systems. *IN*: Proceedings of the 9-th Australian Agronomy Conference. Wagga wagga/Australia.

Hutzler, P., Fischbach, R., Heller, W., Jungblut, T. P., Reuber, S., Schmitz, R., Veit, M., Weissenböck, G., Schnitzler, J. P. 1998. Tissue localization of phenolic compounds in plants by confocal laser scanning microscopy. J. Exp. Bot. 49: 953-965.

Inderjet. 2001. Soil: Environmental effects on allelochemical activity. Agron. J. 93: 79-84.

Ito, I., Kobayashi, K., Yoneyama, T. 1998. Fate of dehydomatricaria ester added to soil and its implications for the allelopathic effect of *Solidago altissima* L. Ann. Bot. 82: 625-630.

Jacobsen, T., Lie, S. 1974. Polyphenol protein interaction in barley: Part I: Regression analysis of polyphenol data. Tech. Q. Master Brew. Assoc. Am. 11: 155-163.

Jenkyn, J. F., Christian, D. G., Bacon, E. T. G., Gutteridge, R. J., Todd, A. D. 2001. Effetcts of incorporating different amounts of straw on growth, diseases and yield consecutive crops of winter wheat grown on contrasting soil types. J. Agric. Sci. 136: 1-14.

Jennings, J. A., Nelson, C. J. 1998. Influence of soil texture on alfalfa autotoxicity. Agon. J. 90: 54-58.

Kalinova, J. 2009. Varietal differences in allelopathic potential of common buckwheat (*Fagopyrum esculentum* Moench). Cereal Res. Commun. 36: 397-408.

Kato-Noguchi, H., Kosemura, S., Yamamura, S., Mizutani, J., Hasegawa, K. 1994-a. Allelopathy of oats. I: Assessment of allelopathic potential of extract of oat shoots and identification of an allelochemical. J. Chem. Ecol. 20: 309-314.

Kato-Noguchi, H., Mizutani, J., Hasegawa, K. 1994-b. Allelopathy of oats. II: Allelochemical effect of L-tryptophan and its concentration in oat root exudates. J. Chem. Ecol. 20: 315-319.

Kato-Noguchi, H., Kosemura, S.,Yamamura, S. 1998. Allelopathic potential of 5-chloro-6-methoxy-2-benzoxazoline. Phytochemistry. 48: 433-435.

Kato-Noguchi, H. 1999. Effect of light-irradiation on allelopathic potential of germinating maize. Phytochemistry. 52: 1023-1027.

Kato-Noguchi, H., Ino, T., Sata, N., Yamamura, S. 2002. Isolation and identification of a potent allelopathic substance in rice root exudates. Physiol. Plant. 115: 401-405.

Kato-Noguchi, H. 2003. Allelopathic substances in *Pueraria thumbergiana*. Phytochemistry. 63: 577-580.

Kato-Noguchi, H., Ino, T. 2003. Rice seedlings release momilactone B into the Environment. Phytochemistry. 63: 551-554.

Kato-Noguchi, H., Ino, T., Ichii, M. 2003. Changes in release level of momilactone B into the environment from rice throughout its life cycle. Functional Plant Biol. 30: 995-997.

Kato-Noguchi, H., Kanesawa, T. 2003. Growth promoting substances in rice root exudates. Environ. Control in Biol. 41: 377-380.

Kato-Noguchi, H. 2008. Allelochemicals released from rice plants. Jpn. J. Plant Sci. 2: 18- 25.

Kidd, P. S., Poschenrieder, C., Barceló, J. 2001. Does root exudation of phenolic play a role in aluminum resistance in maize (*Zea mays* L.)?. *IN*: Proceedings of the 14-th International Plant Nutrition Colloquium. Hanover/Germany.

Kimber, R. W. L. 1973. Phytotoxicity from plant residues. III: The relative effect of toxins and nitrogen immobilization on the germination and growth of wheat. Plant Soil. 38: 543-555.

King, A., Young, G. 1999. Characteristics and occurrence of phenolic phytochemicals. J. Am. Diet. Assoc. 99: 213-218.

Kolahi, M., Kolahi, M. 2008. Comparisons of phytotoxicity of barley parts extracts in three growth stages on annual ryegrass. Am. J. Agr. & Biol. Sci. 3: 681-685.

Kong, C. H., Li, H. B., Hu F., Xu, X. H., Wang, P. 2006. Allelochemicals released by rice roots and residues in soil. Plant Soil. 288:47–56

Kuras, M., Stefanowska-Wronka, M., Lynch, J. M., Zobel, A. M. 1999. Cytochemical localization of phenolic compounds in columella cells of the root cap in seeds of *Brassica napus*-changes in the localization of phenolic compounds during germination. Ann. Bot. 84: 135-143.

Labbafi, M. R., Hejazi, A., Maighany, F., Khalaj, H., Mehrafarin, A. 2010. Evaluation of allelopathic potential of Iranian wheat (*Triticum aestivum* L.) cultivars against weeds. Agric. Biol. J. N. Am. 1: 355-361.

Liu, D. L., Lovett, J. V. 1993-a. Biologically active secondary metabolites of barley. I: Developing techniques and assessing allelopathy in barley. J. Chem. Ecol. 19: 2217-2230.

Liu, D. L., Lovett, J. V. 1993-b. Biologically active secondary metabolites of barley. II: Phytotoxicity of barley allelochemicals. J. Chem. Ecol. 19: 2231-2244.

Lovett, J. V., Hoult, A. H. C., Christen, O. 1994. Biologically active secondary metabolites of barley. IV: Hordenine production by different barley lines. J. Chem. Ecol. 20: 1945-1954.

Lovett, J. V., Hoult, A. H. C. 1995. Allelopathy and self-defense in barley. *IN*: ACS Symposium. American Chemical Society. Washington, D. C.

Maamouri, A., Kouki, M., Gharbi, M. S., El Felah, M. 2007. Les Variétés de Céréales Cultivée en Tunisie (blé dur, blé tendre, orge et Triticales). ed. Ministère de l'Agriculture/IRESA/INRA-Tunis/Tunisie.

Machado, S., Petrie, S., Rhinhart, K., Qu, A. 2007. Long-term continuous cropping in the Pacific Northwest: Tillage and fertilizer effects on winter wheat, spring wheat, and spring barley production. Soil and Tillage Res. 94: 473-481.

Macias, F. A., Molinillo, J. M. G., Torres, A., Varela, R. M., Castellano, D. 1997. Bioactive flavonoids from *Helianthus annuus* cultivars. Phytochemistry. 45: 683-687.

Makkar, H. P. S. 2000. Quantification of tannins in tree and shrub foliage. FAO/IAEA. Working Document, IAEA/Vienna.

Martin, V. L., McCoy, E. L., Dick, W. A. 1990. Allelopathy of crop residues influences corn seed germination and early growth. Agron. J. 82: 555-560.

Morrison, T. A., Jung, H. G., Buxton, D. R., Hatfield, R. D. 1998. Cell-wall composition of maize internodes of varying maturity. Crop Sci. 38: 455-460.

Moyer, J. R., Huang, H. C. 1997. Effect of aqueous extracts of crop residues on germination and seedling growth of ten weed species. Bot. Bull. Acad. Sin. 38: 131-139.

Nagabhushana, G. G., Worsham, A. D., Yenish, J. P. 2001. Allelopathic cover crops to reduce herbicide use in sustainable agricultural systems. Allelopathy. J. 8: 33-146.

Newby, V. K., Sablon, R. M., Synge, R. L. M., Casteele, K. V., Sumer, C. F. V. 1980. Free and bound phenolic acids of lucerne (*Medicago sativa* CV *Europe*). Phytochemistry. 19: 651-657.

Nicolier, G. F., Pope, D. F., Thompson, A. C. 1983. Biological activity of dhurrin and other compounds from Johnsongrass (*Sorghum halepense*). J. Agric. Food Chem. 31: 744-748.

Odhiambo, J. J. O., Bomke, A. A. 2001. Grass and legume cover crop effects on dry matter and nitrogen accumulation. Agron. J. 93: 299-307.

Ohno, T., Doolan, K. L., Zibilske, L. M., Liebman, M., Gallandt, E. R., Berube, C. 2000. Phytotoxic effects of red clover amended soils on wild mustard seedling growth. Agric. Ecosystems Envir. 78: 187-192.

Ohno, T., Doolan, K. L. 2001. Effects of red clover decomposition on phytotoxicity to wild mustard seedling growth. Applied soil Ecol. 16: 187-192.

Om, H., Dhiman, S. D., Kumar, S., Kumar, H. 2002. Allelopathic response of *Phalaris minor* to crop and weed plants in rice-wheat system. Crop Prot. 21: 699-705.

Oueslati, O. 2003. Allelopathy in two durum wheat (*Triticum durum* L.) varieties. Agric. Ecosystems Envir. 96: 161-163.

Oueslati, O., Ben-Hammouda, M., Nasr, K., Abidi, L. 2004. Potentiel allélopathique des résidus du blé dur: une contrainte à la pratique du semis direct. *IN*: Actes des Deuxièmes Rencontres Méditerranéennes sur le Semis Direct. Tabarka/Tunisie.

Oueslati, O., Ben-Hammouda, M. 2006. Stimulatory potential of rapeseed residues for barley seedling growth. Option Méditerranéennes. 69: 137-141.

Pedesrsen, P., Lauer, J. G. 2003. Corn and soybean response to rotation sequence, row spacing, and tillage system. Agron. J. 95: 965-971.

Petersen, J., Belz, R., Walker, F., Hurle, K. 2001. Weed suppression by release of isothiocyanates from turnip-rape mulch. Agron. J. 93: 37-43.

Putnam, A. R., Duke, W. B. 1978. Allelopathy in agrosystems. Ann. Rev. Phytopathol. 16:431-451.

Putnam, A. R., Nair, M. G., Barnes, J. P. 1990. Allelopathy: a viable weed control strategy. *IN*: Proceedings of a UCLA Symposium on molecular and cellular biology. Frisco/Colorado.

Quader, M., Daggard, G., Barrow, R., Walker, S., Sutherland, M. W. 2001. Allelopathy: DIMBOA production and genetic variability in accessions of *triticum speltoides*. J. Chem. Ecol. 27: 747-760.

Raimbault, B. A., Vyn, T. J., Tollenaar, M. 1990. Corn response to rye cover crop management and spring tillage systems. Agron. J. 82: 1088-1093.

Rasmusen, P. E., Rickman, R. W., Klepper, B. L. 1997. Residue and fertility effects on yield of no-till wheat. Agron. J. 89: 563-567.

Read, J. J., Jensen, E. H. 1989. Phytotoxicity of water-soluble substances from alfalfa and barley soil extracts on four crop species. J. Chem. Ecol. 15: 619-628.

Reigosa, M. J., Gonzalez, L., Sanchez-Moreiras, A., Duran, B., Puime, D., Fernandez, D. A., Bolano, J. C. 2001. Comparison of physiological effects of allelochemicals and commercial herbicides. Allelopathy. J. 8: 211-220.

Richardson, M. D., Bacon, C. W. 1993. Cyclic hydroxamic acid accumulation in corn seedlings exposed to reduced water potentials before, during, and after germination. J. Chem. Ecol. 19: 1613-1624.

Rimando, A. M., Olofsdotter, M., Dayan, F. E., Duke, S. O. 2001. Searching for rice allelochemicals: an example of bioassay-guided isolation. Agron. J. 93: 16-20.

Romagni, J. G., Allen, S. N., Dayan, F. E. 2000. Allelopathic effects of volatile cineoles on two weedy plant species. J. Chem. Ecol. 26: 303-313.

Röpenack, E. V., Parr, A., Schulze-Lefert, P. 1998. Structural analysis and dynamics of soluble and cell wall-bound phenolics in a broad spectrum resistance to the powdery mildew fungus in barley. J. Biol. Chem. 273: 9013-9022.

Roth, C. M., Shroyer, J. P., Paulsen, G. M. 2000. Allelopathy of sorghum on wheat under several tillage systems. Agron. J. 92: 855-860.

Rowland, I. C., Mason, M. G., Hamblin, J. 1988. Effect of lupins and wheat on the yield of subsequent wheat crops grown at several rates of applied nitrogen. Aust. J. Exper. Agric. 28: 91-97.

Sánchez, E., Soto, J. M., Garcia, P. C., López-Lefebre, L. R., Rivero, R. M., Ruiz, J. M., Romero, L. 2000. Phenolic compounds and oxidative metabolism in green bean plants under nitrogen toxicity. Aust. J. Plant Physiol. 27: 973-978.

Sancho, A. I., Bartolomé, B., Gòmez-Cordovés, C., Williamson, G., Faulds, C. B. 2001. Release of ferulic acid from cereal residues by barley enzymatic extracts. J. Cereal Sci. 34: 173-179.

SAS Institute, 1985. SAS User's Guide: Statistics, Version 6.0 SAS Inst. Inc., Cary. NC-USA.

Saxena, A., Singh, D. V., Joshi, N. L. 1996. Autotoxic effects of pearl millet aqueous extracts on seed germination and seedling growth. Arid Environ. 33: 255-260.

Schmeller, T., Latz-Bruning, B., Wink, M. 1997. Biochemical activities of berberine, palmatine and sanguinarine mediating chemical defense against microorganisms and herbivores. Phytochemistry. 44: 257-266.

Sène, M., Gallet, C., Doré, T. 2001. Phenolic compound in a sahelian sorghum (*Sorghum bicolor*) genotype (CE 145-66) and associated soils. J. Chem. Ecol. 27: 81-92.

Sert, M. A., Ferraresi, M. L. L., Bernadelli, Y. R., Kelmer-Bracht, A., M., Bracht, A., Ishii-Iwamoto, E. L. 1997. Effects of ferulic acid on L-malate oxidation in isolated soybean mitochondria. Biol. Plant. 40: 345-350.

Sharmak, K. D., Gehlot, R. K. 2003. Allelopathy and decomposition period of *Fagonia indica* burm. F. residue on pearl millet. Geobios. 30: 101-104.

Shyam, S. K., Nalwadi, U. G., Basakar, P. W. 1991. Influence of moisture stress on the accumulation of phenols in marigold (*Tagetes erecta* L.). Geobios. 18: 165-168.

Siddiqui, S., Bhardwaj, S., Saeed Khan, S., Meghvanshi, M. K. 2009. Allelopathic effect of different concentration of water extract of *Prosopsis juliflora* on seed germination and radicle length of wheat (*Triticum aestivum* var-*Lok-1*). American-Eurasian J. Sci. Res. 4: 81-84.

Singh, M., Tamma, R. V., Nigg, H. N. 1989. HPLC identification of allelopathic compounds from *Lantana camara*. J. Chem. Ecol. 15: 81-89.

Singh, H. P., Kohli, R. K., Batish, D. R. 2001. Allelopathic interference of *populus deltoides* with some winter season crops. Agronomie. 21: 139-146.

Singh, U. P., Sarma, B. K., Singh, D. P., Bahadur, A. 2002. Plant growth promoting rhizobacteria-mediated induction of phenolics in pea (*Pisum sativum*) after infection with *Erysiph pisi*. Curr. Microbiol. 44: 396-400.

Singh, H. P., Batish, D. R., Kaur, S., Kohli, R. K. 2003. Phytotoxic interference of *Ageratum conozoides* with wheat (*Triticum aestivum*). J. Agron. Crop. Sci. 189: 341-346.

Singh, N. B., Singh, D., Singh, A. 2009. Modification of physiological responses of water stressed *Zea mays* seedlings by leachate of *Nicotiana plumbaginifolia*. Gen. Appl. Plant Physiol. 35: 51–63

Staggenborg, S. A., Whitney, D. A., Fjell, D. L., Shroyer, J. P. 2003. Seeding and nitrogen rates required to optimize winter wheat yields following grain sorghum and soybean. Agron. J. 95: 253-259.

Steel, R. G. D., Torrie, J. H. 1980. Principles and Procedures of Statistics, 2-nd ed. McGraw-Hill book, New York.

Sturz, A. V., Christie, B. R. 1996. Endophytic bacteria of red clover as agent of allelopathic clover-maize syndromes. Soil Biol. Biochem. 28: 583-588.

Tang, C. S., Cai, W. F., Kohl, K., Nishimoto, R. K. 1995. Plant stress and allelopathy. *IN*: ACS Symposium of American Chemical Society. Washington, D. C.

Tawaha, A. M., Turk, M. A. 2003. Allelopathic effects of black mustard (*Brassica nigra*) on germination and growth of wild barley (*Hordeum spontaneum*). J. Agr. Crop Sci. 189: 298-303.

Tollenaar, M., Mihajlovic, M., Vyn, T. J. 1993. Corn growth following cover crops: Influence of cereal cultivar, cereal removal, and nitrogen rate. Agron. J. 85: 251-255.

Tongma, S., Kobayashi, K., Usui, K. 1998. Allelopathic activity of Mexican sunflower (*Tithonia diversifolia*) in soil. Weed Sci. 46: 432-437.

Tongma, S., Kobayashi, K., Usui, K. 1998. Allelopathic activity and movement of water leachates from Mexican sunflower [*Tithonia diversifolia* (Hemsl.) A. Gray.] leaves in soil. Weed Sci. 46: 432-437. J. Weed Sci. Technol. 44: 51-58.

Tongma, S., Kobayashi, K., Usui, K. 2001. Allelopathic activity of Mexican sunflower [*Tithonia diversifolia* (Hemsl.) A. Gray.] in soil under natural field conditions and different moisture conditions. Weed Sci. 46: 432-437. Weed Biol. Manag. 2: 115-119.

Torres, A., Oliva, R. M., Castellano, D., Cross, P. 1996. Allelopathy a science of the future *IN*: Book of Abstracts of the 1-st World Congress on Allelopathy. Cadiz/Spain.

Waniska, R. D., Ring, A. S., Doherty, C. A., Poe, J. H., Rooney, L. W. 1988. Inhibitors in sorghum biomass during growth and processing into fuel. Biomass. 15: 155-164.

Whitehead, D. C. 1964. Identification of p-hydroxybenzoic, vanillic, p-coumaric and ferulic acids in soils. Nature. 202: 417-418.

Whittaker, R. H., Feeny, P. P. 1971. Allelochemicals: Chemical interactions between Species. Science. 117: 757-770.

Wolfe, A. M., Eckert, D. J. 1999. Crop sequence and surface residue effects on the performance of no-till corn grown on a poorly drained soil. Agron. J. 91: 363-367.

Wu, H., Haig, T., Pratley, J., Lemerle, D., An, M. 2000. Allelochemicals in wheat (*Triticum aestivum* L.): Variation of phenolic acids in root tissues. J. Agric. Food Chem. 48: 5321-5325.

Wu, H., Haig, T., Pratley, J., Lemerle, D., An, M. 2001-a. Allelochemicals in wheat (*Triticum aestivum* L.): Cultivar difference in the exudation of phenolic acids. J. Agric. Food Chem. 49: 3742-3745.

Wu, H., Haig, T., Pratley, J., Lemerle, D., An, M. 2001-b. Allelochemicals in wheat (*Triticum aestivum* L.): Production and exudation of 2,4 –dihydroxy-7-methoxy-1, 4–benzoxazin-3-one. J. Chem. Ecol. 27: 1691-1700.

Wu, H., Haig, T., Pratley, J., Lemerle, D., An, M. 2001-c. Allelochemicals in wheat (*Triticum aestivum* L.): Variation of phenolic acids in shoot tissues. J. Chem. Ecol. 27: 125-135.

Wu, H., Pratley, J., Lemerle, D., Haig, T. 2001-d. Wheat allelopathic potential against an herbicide-resistant biotype of annual ryegrass. *IN*: Proceedings of the 10-th Australian Agronomy Conference. Hobart/Australia.

Wu, H., Pratley, J., Lemerle, D., An, M., Liu, D. L. 2007. Autotoxicity of wheat (*Triticum aestivum* L.) as determined by laboratory bioassays. Plant Soil. 296:85-93.

Xuan, T. D., Tawata, S., Khanh, T. D., Chung, I. M. 2005. Decomposition of allelopathic plants in soil. J. Agron. Crop Sci. 191: 162-171.

Yamamoto, Y. 2009. Movement of allelopathic compound coumarin from plant residue of sweet vernalgrass (*Anthoxanthum odoratum* L.) to soil. J. Jpn. Grassl. Sci.

Yang, C. M., Lee, C. N., Chou, C. H. 2002. Effects of three allelopathic phenolics on chlorophyll accumulation of rice (*Oryza sativa*) seedlings. I: Inhibition of supply-orientation. Bot. Bull. Acad. Sin. 43: 299-304.

Yoshida, H., Tsumuki, H., Kanechisa, K., Corcuera, L. J. 1993. Release of gramine from the surface of barley leaves. Phytochemistry. 34: 1011-1013.

Yu, J. Q., Matsui, Y. 1997. Effects of root exudates of cucumber (*Cucumus sativus*) and allelochemicals on ion uptake by cucumber seedlings. J. Chem. Ecol. 45: 817-827.

Zeng, R. S., Luo, S. M., Shi, Y. H., Shi, M. B., Tu, C. Y. 2001. Physiological and biochemical mechanism of allelopathy of secalonic acid F on higher plants. Agron. J. 93: 72-79.

ZUO, S-P., MA Y-Q. 2007. A Preliminary study on systems engineering-based method for the evaluation of allelopathic potential in crops and its application. Agric. Sci. China. 6: 68-77.

PARTIE-VI

ARTICLES

Original article

Allelopathic effects of barley extracts on germination and seedlings growth of bread and durum wheats

Moncef BEN-HAMMOUDA[a]*, Habib GHORBAL[b], Robert J. KREMER[c], Oussama OUESLATI[b]

[a] Département d'Agronomie, École Supérieure d'Agriculture du Kef (ESAK), Le Kef 7100, Tunisia
[b] Faculté des Sciences de Tunis, Tunis 1004, Tunisia
[c] University of Missouri-Columbia, USA

(Received 31 May 1999; revised 14 September 2000; accepted 19 September 2000)

Abstract – Phytotoxicity of barley extracts (*Hordeum vulgare* L.) on durum wheat (*Triticum durum* L.) and bread wheat (*Triticum aestivum* L.) was investigated. Water extracts of barley, variety Rihane were bioassayed on germination and seedling growth of both wheat species to: (i) test the heterotoxicity of barley on wheat, (ii) study the dynamics of allelopathic potential over four growth stages and (iii) identify the most allelopathic plant part of barley. Whole barley plants were extracted at growth stage 4 (stems not developed enough), whilst for the following growth stages roots, stems, and leaves were extracted separately. Seedling growth bioassays demonstrated that the two wheat species responded differently to the allelopathic potential of barley with a greater sensitivity shown by the bread wheats. For both wheat species, radicle growth was more depressed than coleoptile growth, though stimulation of seedling growth was observed for durum wheat. The allelopathic potential of barley plant parts was not stable over its life cycle for either bread or durum wheat. It appeared that potential increased near physiological maturity. Leaves and roots were the most phytotoxic barley plant parts for durum and bread wheats, respectively. Results suggested that the response by durum wheat and bread wheat varied depending on the source of allelochemicals (plant part) and the growth stage of the barley plant. Consequently, barley should be considered a depressive prior crop for both durum wheat and bread wheat in a field cropping sequence.

allelopathy / phytotoxicity / barley / durum wheat / bread wheat

Résumé – **Effets allélopathiques des extraits d'orge sur la germination et la croissance des jeunes plantes de blé tendre et de blé dur.** La phytotoxicité de l'orge (*Hordeum vulgare* L.) sur le blé dur (*Triticum durum* L.) et le blé tendre (*Triticum aestivum* L.) a été étudiée. Les effets des extraits à l'eau d'une variété d'orge (Rihane) ont été évalués en utilisant des tests biologiques de germination et de croissance de plantules. Ceci a été fait afin de : (i) tester l'hétérotoxicité de l'orge, (ii) étudier la dynamique du potentiel allélopathique à travers quatre stades de croissance suivant l'échelle de Feekes et (iii) identifier la composante de la plante-orge la plus allélopathique. L'extraction des résidus de

Communicated by Peter Barraclough (Harpenden Herts, UK)

* Correspondence and reprints
benhammouda.moncef@iresa.agrinet.tn

la variété «Rihane» a été faite à l'eau distillée pour la totalité de la plante au cours du stade 4 (tiges insuffisamment développées), alors que pour les stades suivants, les racines, les tiges et les feuilles ont été extraites individuellement. Les tests biologiques de croissance de plantules ont montré que le blé dur et le blé tendre répondent différemment au potentiel allélopathique de l'orge, avec une sensibilité plus prononcée chez le blé tendre. Pour les deux espèces, la croissance de la radicule a été plus inhibée par les extraits à l'eau de l'orge que celle du coléoptile, bien qu'une stimulation de la croissance de la plantule du blé dur ait été observée. Indépendamment de l'espèce-test, le potentiel allélopathique de l'orge n'est pas stable durant son cycle biologique. Ce potentiel s'intensifie au fur et à mesure que la plante approche de la maturité. Les feuilles et les racines sont les parties de la plante-orge les plus phytotoxiques respectivement pour le blé dur et le blé tendre. Les résultats suggèrent que la réponse du blé dur ou du blé tendre varie en fonction de la source des extraits à l'eau (racines, feuilles, tiges) et du stade de croissance de la plante-orge. En plus, l'expression du potentiel allélopathique de l'orge est relative à l'espèce-test (blé dur vs. blé tendre). Par conséquent, il serait utile de considérer l'orge comme une céréale allélopathique pour le blé dur et le blé tendre quand elle est conduite comme précédent cultural.

allélopathie / phytotoxicité / orge / blé dur / blé tendre

1. Introduction

Allelopathy as a mechanism of plant interference in agroecosystems [11] offers an opportunity to manage weeds in a crop sequence [1], but could also adversely affect crop yields [7] and influence choice of rotation. Previous studies have shown that sorghum (*Sorghum bicolor* L.) vegetation possess a variety of potent inhibitors such as dhurrin, a cyanogenic glycoside [4] and phenolics [8] which are potentially allelopathic to weeds [2, 9] with a maximum of inhibitory activity at harvest [3]. The same results were reported for sudex, a hybrid of sorghum and sudangrass (*Sorghum sudanese*) [16]. This was not the case for all grasses, some exhibited higher toxicity to wheat seedling growth when their residues were still green [7].

Bioassays of germination, radicle growth and coleoptile growth are used to test the allelopathic potential of a crop species [7, 13, 16]. The allelopathic potential can be observed in the form of autotoxicity as in the case of alfalfa (*Medicago sativa* L.) [5, 6] or heterotoxicity as in the case of tall fescue (*Festuca arundinacea* L.) [10].

Since the allelopathy of small grain cereals has been little studied, the present work aimed to: (i) test the heterotoxicity of barley on durum wheat and bread wheat varieties, (ii) study changes in allelopathic potential over four growth stages on both durum wheat and bread wheat and (iii) identify the most allelopathic plant part.

2. Materials and methods

2.1. Growth of barley plants

Barley, variety "Rihane" was sown on November 20, 1996 at the experimental station of École Supérieure d'Agriculture du Kef (Tunisia). The sandy-clay soil was alkaline with a pH of 7.9 and 1.6% of organic matter. From soil preparation to harvest, standard cultural practices for the semi-arid zone were applied. Plants were watered whenever severe wilting was observed. Whole barley plants were pulled out of the field at four growth stages (stage 4 = leaf sheaths lengthening; stage 8 = last leaf just visible; stage 10 = in boot; stage 11 = grain development) following Feekes scale [11]. For the stage 11, plants were sampled in late June 1997.

2.2. Preparation of water extracts

Barley plants were gently washed with distilled water, dried between two paper towels and then separated into roots, stems and leaves. All plant components were chopped into 1-cm long pieces and dried at 50 °C for 24 h. An unground 2.5 g dried portion of each plant component was extracted in 50 ml cold distilled water. Plants were extracted in a 500-mL flask on an horizontal shaker for 24 h at 200 rpm. Extracts were passed through cheese cloth and stored at less than 5 °C until bioassayed.

At stage 4, barley stems were not developed enough. So, whole plants were extracted as one unit (including roots) following the same technique described for plant components.

2.3. Growth medium for bioassays of barley extracts

Water extracts of the whole plant of barley at stage 4 and roots, stems and leaves for stages 8, 10 and 11 were tested for phytotoxicity to seed germination, radicle growth and coleoptile growth of 4 varieties of durum wheat ("Karim", "Razzek", "Khiar", "Chili") and 4 varieties of bread wheat ("Ariana", "Vaga", "Salambo" "Douga"). For the bioassays, molten agar was amended with 20 ml extract of each plant part to make a water-extract-agar medium (1.2%). The medium of 1.2% distilled water-agar was used as a control.

2.4. Germination bioassays

For germination bioassays, seeds of wheat were surface sterilized with a 5% aqueous solution of sodium hypochlorite for 1 min, rinsed 5 times with distilled water and dried between two paper towels. Surface sterilized seeds were placed in a 10 × 150-mm Petri Dish (PD) containing 15 ml of water-extract-agar as growth medium and incubated for 35 h at 25 °C. Seeds were classed as germinated when the radicle extended 2 mm out of the seed coat.

2.5. Radicle and coleoptile growth bioassays

Radicle and coleoptile growth bioassays were determined using a Test Tube (TT) technique and pre-germinated seeds. Surface sterile seeds were pre-germinated on a 10 × 150-mm PD between two filter papers moistened with 1.2 ml of distilled water. Test tubes were covered with cotton, slanted at 45° allowing 15 ml agar medium to solidify. Then, seedlings with radicle 3-mm long were transplanted into tubes. After 60 h incubation at 25 °C, lengths of both the coleoptile and central radicle of each wheat seedling were measured.

2.6. Experimental design and statistical analysis

Germination and seedling growth bioassays were conducted in a Complete Randomized Design (CRD) with four replications. A non-amended treatment was included as a control. For germination bioassays, 25 seeds were placed in a PD. Each experimental unit consisted of two PD. For radicle or coleoptile bioassays, an average across a cluster of 10 growth TT with one pre-germinated seed each was used as a single observation for each treatment. Analysis of variance was conducted using SAS [14] and Fisher's protected LSD at the 0.05 level of probability [15].

3. Results

3.1. Germination bioassays

Extracts of barley plants at stage 4 did not significantly affect seed germination of either durum or bread wheat varieties. When plant components (roots, stems, leaves) of barley were extracted separately at stages 8, 10 and 11 and bioassayed on "Chili" (Durum) and "Ariana" (Bread), both characterized by sensitive radicle growth (Tab. I), germination bioassays again did not appear to be a sensitive test for allelopathic effects. Therefore no data is presented from the germination bioassays.

3.2. Seedling growth bioassays

Extracts of whole barley plants at stage 4 significantly affected radicle growth of just one durum wheat variety ("Chili"). However, with bread wheat, three varieties ("Ariana", "Vaga", "Douga") had reduced radicle growth (Tab. I).

"Ariana" was the most sensitive bread wheat variety, with radicle growth inhibited [Inhibition = (Control - Treatment)/Control × 100] by 46%.

Table I. Radicle growth (mm) of four varieties of Durum wheat and four varieties of Bread wheat, treated with water extracts* of barley.

Treatment	Radicle growth (mm)							
	Durum wheat				Bread wheat			
	"Karim"	"Razzek"	"Khiar"	"Chili"	"Ariana"	"Vaga"	"Salambo"	"Douga"
Control	2.6 a	3.5 a	3.3 a	3.8 a	5.4 a	5.8 a	2.3 a	5.3 a
Extract	2.3 a	2.9 a	3.2 a	2.3 b	2.9 b	3.4 b	2.1 a	3.1 b
LSD (0.05)	0.9	1.6	1.0	0.7	1.4	1.8	1.0	1.9

* A whole plant of var. "Rihane" was extracted at stage 4 (stage 4 = leaf sheaths lengthening).

"Chili" was the most sensitive variety of durum wheat with radicle growth inhibited by 40% (Tab. I).

For coleoptile growth bioassays, none of the durum wheat varieties was sensitive to barley "Salambo", which had a tolerant radicle (Tab. I), showed a sensitive coleoptile (Tab. II).

Based on the radicle bioassays, "Chili" (Durum) and "Ariana" (Bread) were selected as test-varieties for further bioassays at stages 8, 10 and 11.

Water extracts of plant components (roots, stems, leaves) of "Rihane" at stages 8, 10 and 11 showed a significant inhibitory activity on radicle growth of "Ariana" (Tab. III). The inhibitory activity was not stable over the life cycle regardless of the source of extract.

The response of "Chili" was very different from the response of "Ariana" to the extent that radicle growth of "Chili" was stimulated when treated with stem extracts at stage 8 (Tab. III). Overall, inhibitory activity was greater in "Ariana" than in "Chili" (Figs. 1 vs. 2).

Coleoptile growth of "Chili" was unaffected at stage 8, increased at stage 10 and reduced at stage 11 (Tab. IV). "Ariana" was highly sensitive to water extracts with growth being reduced at all stages.

As it happened to radicle growth, coleoptile growth of "Chili" was significantly enhanced with all types of water extracts (roots, stems, leaves) at

Table II. Coleoptile growth (mm) of four bread wheat varieties treated with water extracts* of barley.

Treatment	Coleoptile growth (mm)			
	"Ariana"	"Vaga"	"Salambo"	"Douga"
Control	5.7 a	5.6 a	5.4 a	5.7 a
Extract	6.2 a	5.2 a	4.7 b	5.1 a
LSD (0.05)	0.7	0.6	0.6	0.7

* A whole plant of var. "Rihane" was extracted at stage 4 (stage 4 = leaf sheaths lengthening).

stage 10 (Fig. 1). At stage 11, extracts of leaves and roots were the most phytotoxic to the growth of "Chili" and "Ariana" coleoptiles, respectively.

In contrast to "Chili", no stimulation was observed for radicle or coleoptile growth of "Ariana". Radicle and coleoptile growths were always inhibited by water extracts of plant parts of "Rihane" at all stages 8, 10 and 11, with the radicle being more sensitive than the coleoptile (Fig. 2).

4. Discussion and conclusion

Germination bioassays of barley at four different phenological stages were not sensitive enough to detect the heterotoxicity potential of any plant

Table III. Radicle growth (mm) of "Chili" (Durum) and "Ariana" (Bread) treated with water extracts of plant parts prepared from barley var. Rihane at stages 8*, 10* and 11*.

	Radicle growth (mm)					
	Stage 8		Stage 10		Stage 11	
Treatment	"Chili"	"Ariana"	"Chili"	"Ariana"	"Chili"	"Ariana"
Control	3.4 c	4.8 a	1.7 ab	5.5 a	2.9 a	5.3 a
Root extract	2.6 b	1.7 c	2.1 a	2.5 b	2.5 a	2.0 b
Leaf extract	2.6 b	1.8 bc	1.5 b	1.5 c	1.5 b	2.7 b
Stem extract	4.8 a	2.3 b	1.7 ab	1.3 c	1.5 b	2.7 b
LSD (0.05)	0.7	0.6	0.5	0.6	0.6	0.8

* Stage 8 = last leaf just visible; stage 10 = in boot; stage 11 = grain development.

Table IV. Coleoptile growth (mm) of "Chili" (Durum) and "Ariana" ((Bread) wheats treated with water extracts of plant parts prepared from barley var. Rihane at stages 8*, 10* and 11*.

	Coleoptile growth (mm)					
	Stage 8		Stage 10		Stage 11	
Treatment	"Chili"	"Ariana"	"Chili"	"Ariana"	"Chili"	"Ariana"
Control	7.9 a	8.2 a	8.9 b	6.2 a	6.8 a	4.7 a
Root extract	7.8 a	5.8 b	11.8 a	4.7 b	6.4 a	3.3 c
Leaf extract	6.7 a	5.1 b	13.3 a	3.8 c	1.6 c	3.9 b
Stem extract	7.0 a	6.0 b	10.8 ab	3.3 c	3.5 b	4.3 ab
LSD (0.05)	1.4	1.1	2.5	0.7	0.8	0.5

*Stage 8 = last leaf just visible; stage 10 = in boot; stage 11 = grain development.

component of barley. However, seedling growth bioassays were sensitive to allelopathic effects with the radicle being relatively more sensitive than the coleoptile (Figs. 1, 2). Results of both types of bioassay are in agreement with the results reported by Hedge and Miller [5] and Kimber [7], respectively.

Irrespective of the wheat species, radicle growth was generally reduced by barley extracts (Figs. 1, 2), except for stem extracts at stage 8 and root extracts at stage 10 which stimulated radicle growth of the durum wheat "Chili" (Fig. 1). The allelopathic potential of a barley plant on wheat species varied according to the source of extracts as was found with sorghum [3, 8]. The sensitivity of the radicle was higher for bread wheat than durum wheat (Figs. 1 vs. 2). This could be the case among varieties within the same species as reported by Kimber [7] and Rose et al. [13]. In addition, the allelopathic potential of barley was unstable over the life cycle of the barley plant. This potential was at maximum near physiological maturity (Figs. 1, 2) as was for sorghum plant [3].

These results support the use of seedling bioassays as a tool to screen for tolerance or sensitivity of a crop species to the allelopathic potential of another crop species.

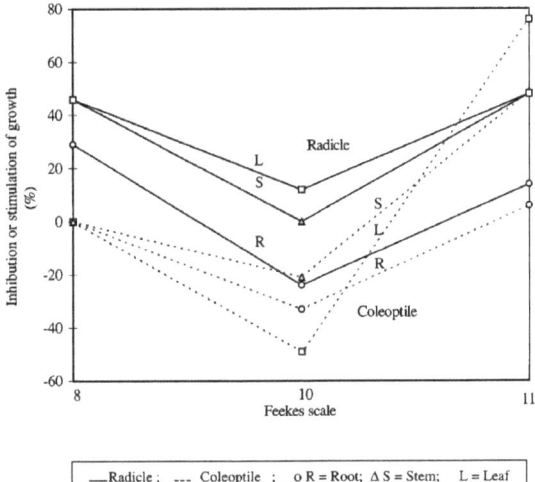

Figure 1. Response of radicle and coleoptile of "Chili" Durum wheat to water extracts of plant parts prepared from barley var. "Rihane" at stages 8, 10 and 11.

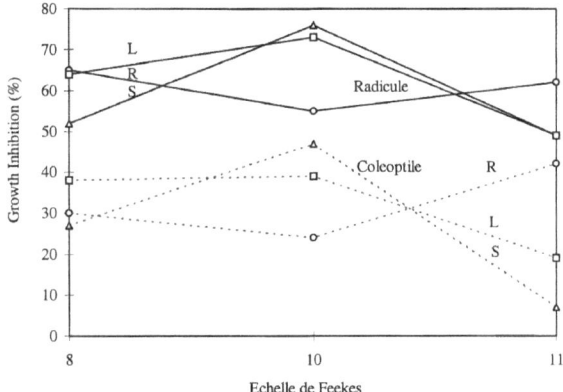

Figure 2. Response of radicle and coleoptile of "Ariana" Bread wheat to water extracts of plants prepared from barley var. "Rihane" at stages 8, 10 and 11.

References

[1] Aldrich R.J., Kremer R.J., Principles in Weed Management, Iowa State University Press/ Ames, 1997.

[2] Alsaadawi I.S., Al-uqali J.K., Alrubeaa A.J., Alhadithy S.M., Allelopathic suppression of weeds and nitrification by selected cultivars of *Sorghum bicolor* (L.) Moench, J. Chem. Ecol. 12 (1986) 209–219.

[3] Guenzi W.D., McCalla T.M., Norstad F.A., Presence and persistence of phytotoxic substances in wheat, oat, corn and sorghum residues, Agron. J. 59 (1967) 163–165.

[4] Haskins F.A., Gorz H.J., Hill R.M., Brackke Y.J., Influence of sample treatment on apparent hydrocyanic acid potential of sorghum leaf tissue, Crop Sci. 24 (1984) 1158–1163.

[5] Hedge R.S., Miller D.A., Allelopathy and autotoxicity in alfalfa: Characterization and effects of preceding crops and residue incorporation, Crop Sci. 30 (1990) 1255–1259.

[6] John A.J., Nelson C.J., Influence of soil texture on alfalfa autotoxicity, Agron. J. 90 (1998) 54–58.

[7] Kimber R.W.L., Phytotoxicity from plant residues. II. The effect of time of rotting of straw from some grasses and legumes on the growth of wheat seedlings, Plant and Soil 38 (1973) 347–361.

[8] Moncef B.-H., Differential allelopathic potential of sorghum hybrids on wheat, Ph.D. thesis, University of Missouri-Columbia, 1994.

[9] Panasiuk O., Bills D.D., Leather G.R., Allelopathic influence of *Sorghum bicolor* on weeds during germination and early development of seedlings, J. Chem. Ecol. 12 (1986) 1533–1543.

[10] Peters E.J., Toxicity of tall fescue to rape and birdsfoot trefoil in the soil, seeds, and seedlings, Crop Sci. 8 (1968) 650–653.

[11] Putnam A.R., Duke W.B., Allelopathy in agroecosystems, Annu. Rev. Phytopathol. 16 (1974) 431–451.

[12] Robert K.M., Walker A.J., An Introduction to the Physiology of Crop Yield, John Wiley & Sons, Inc., New York, 1989.

[13] Rose S.J., Burnside O.C., Specht J.E., Swisher B.A., Competition and allelopathy between soybeans and weeds, Agron. J. 76 (1984) 523–528.

[14] SAS Institute, SAS user's guide: Statistics, Version 6.0, SAS Inst., Inc., Cary, NC, 1985.

[15] Steel R.G.D., Torrie J.H., Principles and procedures of statistics, McGraw-Hill book Co., New York, 1980.

[16] Weston L.A., Harmons R., Mueller S., Allelopathic potential of sorghum x sudangrass hybrid (Sudex), J. Chem. Ecol. 15 (1989)1855–1865.

To access this journal online:
www.edpsciences.org

AUTOTOXICITY OF BARLEY

Moncef Ben-Hammouda,[1] Habib Ghorbal,[2]
Robert J. Kremer,[3,*] and Oussama Oueslatt[2]

[1]Ecole Superieure d'Agriculture du Kef, Kef, Tunisia
[2]Faculté des Sciences de Tunis, Tunis, Tunisia
[3]Agricultural Research Service, U.S. Department of Agriculture and Department of Soil & Atmospheric Sciences, University of Missouri, Columbia, MO 65211

ABSTRACT

Allelopathic potential of a crop species varies depending on stage of growth. Because allelopathy of barley (Hordeum vulgare L.), an important cereal grain adapted to semi-arid conditions of northern Tunisia, has not been widely reported, a study was conducted to determine i) the potential autotoxicity of barley and ii) the differential allelopathic potential of barley plant components over four phenological stages. The study involved experiments with barley seed germination and seedling growth bioassay techniques for detection of allelopathic activity. Plant parts of field-grown 'Rihane' barley were extracted with distilled water. At growth stage 4 (stems not well developed), whole plants were extracted. Thereafter, roots, stems, and leaves were extracted separately. Water extracts of 'Rihane' barley plant parts were bioassayed on four varieties of barley. Seedling growth bioassays revealed autotoxicity of barley, which appeared

---

*Corresponding author. E-mail: kremerr@missouri.edu

to be more pronounced on radicle growth than coleoptile growth, especially when plants near physiological maturity were extracted. Autotoxicity was not significant when 'Rihane' barley was simultaneously the donor and recipient of water extracts. Leaves were the most important source of allelopathic substances. Root extracts were least inhibitory toward both radicle and coleoptile growth. Results suggest qualitative and quantitative changes in allelopathic substances in barley plant parts during plant development.

INTRODUCTION

Allelopathy is the detrimental effect of one plant species on germination, growth, or development of a plant of another species (1). Allelopathy between plants within the same species is referred to as autotoxicity, exemplified by alfalfa (Medicago sativa L.) (2). Autotoxicity causes poor seedling establishment and reduces dry matter yield when alfalfa is re-seeded after a previous alfalfa crop (3). Alfalfa plants contain water-soluble toxins that can be released into the environment from both fresh and dry plant components (4). This cropping constraint can partially be resolved by screening alfalfa varieties with low allelopathic potential or with tolerance to phytotoxins (5). For example, some alfalfa cultivars can be ranked based on their relative sensitivity to extracts of alfalfa tissues (6).

Cereal species known to exhibit an interspecific allelopathic potential include durum wheat (Triticum durum L.) and barley (Hordeum vulgare L.), which release toxins that inhibit root growth of winter wheat (Triticum aestivum L.), especially when conditions are favorable for microbial activity (7). The allelopathic potential depends on crop species (8), cultivar within a species (9), and plant component (10). Sorghum as an allelopathic crop produces varying concentrations of phenolic compounds over different growth stages (11).

Because little is known about the autotoxicity of cereal crops, the present work was undertaken to determine i) the potential autotoxicity of barley and ii) the differential allelopathic potential of barley plant components over four phenological stages.

MATERIALS AND METHODS

Collection of Barley Plant Material

Barley cultivar 'Rihane' was seeded November 20, 1996, at the experimental station of Ecole Superieure d'Agriculture du Kef, Tunisia, on a sandy clay soil. The soil (Calcisol) is alkaline with a pH of 7.9 and 1.6% organic matter. From soil preparation to harvest, standard cultural practices for the semi-arid zone were applied. Plants were irrigated when severe wilting was observed.

Following the Feekes scale (12), intact plants were removed from the field at four growth stages (stage 4 ¼ leaf sheaths lengthen, stage 8 ¼ last leaf just visible, stage 10 ¼ in boot, and stage 11 ¼ grain development). For stage 11, plants were sampled late June 1997.

Preparation of Water Extracts

Plants were gently washed with distilled water, blotted between two paper towels, and then separated into roots, stems, and leaves. All plant components were chopped into 1-cm long pieces and dried at 50 C for 24 h. A fresh portion (2.5 g) of each plant component was extracted in 50 mL distilled water. Each sample was placed in a 500-mL flask on an horizontal shaker for 24 h at 200 rpm. Extracts were passed through cheesecloth and stored at 5 C until bioassayed. For stage 4 plants, stems were not well developed, thus, the whole plant was extracted as one unit following the same technique as described for plant components.

Bioassay of Barley Plant Extracts

Water extracts of whole plants at stage 4 and roots, stems, and leaves at stages 8, 10, and 11 were tested for phytotoxicity toward seed germination, radicle growth, and coleoptile growth of four varieties of barley ('Rihane', 'Manel', 'Martin', and 'Esperance'). For bioassays, molten agar was amended with 20 mL of each plant part extract (stages 8, 10, and 11) and of the whole plant (stage 4) to make a water-extract-agar (1.2%) as a medium for barley germination and barley seedling growth. The medium of 1.2% water-agar alone was considered as a control.

For germination bioassays, seeds of barley were surface sterilized with a 5% aqueous solution of sodium hypochlorite for 1 min, rinsed 5 times with distilled water, and dried between two paper towels. Surface-sterilized seeds were placed in a 10⊖150-mm petri dish (PD) containing 15 mL of water-extract-agar and incubated for 35 h at 25 C. Seeds were considered germinated when radicles protruded 2 mm from the seed coat.

Seedling growth bioassays were determined with a test tube (TT) technique using pre-germinated surface-sterilized seeds (10). Tubes, plugged with cotton, contained agar amended with extract slanted at a 45 angle. Seedlings with 3-mm long radicles were transplanted into tubes. After 60 h incubation at 25 C, lengths of both the coleoptile and central radicle of each barley seedling were measured. Radicle growth inhibition was expressed according to the following equation: [Inhibition ¼ (Control 7 Treatment)=Control⊖100].

Experimental Design and Statistical Analysis

Barley germination and seedling growth bioassays were conducted in a complete randomized design (CRD) with four replications. A non-amended treatment was included as a control. For germination bioassays, 25 seeds were placed in a PD. Each experimental unit consisted of two PD. For barley radicle or coleoptile bioassays, an average across a cluster of 10 growth TT with one pregerminated seed each was used as a single observation for each treatment. All experiments were conducted two times. Analyses of variance were conducted using SAS (13) and means were separated using Fisher's protected LSD at the 0.05 level of probability (14).

RESULTS AND DISCUSSION

Germination Bioassays

Water extracts of whole plants of 'Rihane' barley at stage 4 did not significantly affect seed germination of the tested barley varieties ('Rihane', 'Manel', 'Espérance', and 'Martin'). Similar results were observed for water extracts from plant components (roots, stems, and leaves) of 'Rihane' barley at stages 8, 10, and 11 when bioassayed on 'Manel', the most sensitive barley variety tested. The germination bioassay was not a sensitive test for determining allelopathic potential, similar to results of other studies (2,10).

Seedling Growth Bioassays

As was the case for seed germination, coleoptile growth of the four tested barley varieties was not significantly depressed by whole plant extracts of 'Rihane' barley as at stage 4. However, extracts significantly inhibited radicle growth of three barley varieties (Table 1). The highest radicle growth inhibition was 38% by barley variety 'Manel' (Table 1). Consequently, 'Manel' was used as the test variety for bioassays of extracts of 'Rihane' barley at stages 8, 10, and 11.

Table 1. Radicle Growth of Four Barley Varieties Treated with Water Extract of Intact Plants (Feekes Stage 4) of 'Rihane' Barley

Treatment	Radicle Length (mm)			
	'Rihane'	'Manel'	'Espérance'	'Martin'
Control	5.3	6.1	6.6	6.7
Extract	4.7	3.8	4.2	4.3
LSD (0.05)	1.0	0.5	0.8	0.5

In contrast to observations at stage 4 (Table 1), extracts of plant components from stage 8 'Rihane' barley did not inhibit radicle growth. However, coleoptile growth of 'Manel' was significantly reduced by root and leaf extracts (Table 2). At stage 10, the radicle growth of 'Manel' was similarly depressed by root, stem, and leaf extracts of 'Rihane' barley; however, coleoptile growth was slightly enhanced (Table 2). At plant maturity (stage 11), extracts of all plant components (roots, stems, and leaves) of 'Rihane' inhibited both radicle and coleoptile growth, with the leaf extract having the greatest inhibitory activity (Table 2). Previous work with sorghum also demonstrated that allelopathic potential was greatest for plant components sampled near physiological maturity (10,15).

Allelopathic potential of plant parts of 'Rihane' barley was not constant over the life cycle of the plant. A similar pattern was reported for allelopathic effects of barley toward several wheat varieties (16). As 'Rihane' plants matured, autotoxicity appeared to be more pronounced on radicle than coleoptile growth, with leaf extract as the most phytotoxic (Table 2, Fig. 1).

Table 2. Radicle and Coleoptile Growth Response of 'Manel' Barley Treated with Water Extracts of Plant Components from 'Rihane' Barley at Different Developmental Stages[

Treatment	Radicle Growth (mm)			Coleoptile Growth (mm)		
	Stage 8	Stage 10	Stage 11	Stage 8	Stage 10	Stage 11
Control	1.6	3.2	3.6	7.2	5.6	7.7
Root extract	1.5	1.6	1.8	5.9	5.5	6.7
Leaf extract	1.5	1.3	1.2	5.6	5.7	3.5
Stem extract	1.6	1.5	1.5	7.0	5.9	5.9
LSD (0.05)	0.4	0.4	0.7	1.0	1.3	1.0

[Based on Feekes scale: stage 4 ¼ leaf sheaths lengthen, stage 8 ¼ last leaf just visible, stage 10 ¼ in boot, stage 11 ¼ grain development.

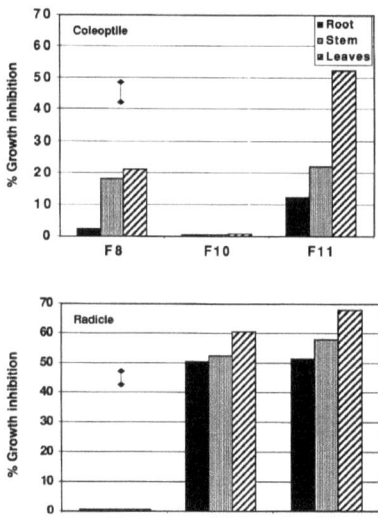

Figure 1. The growth response of coleoptile and radicle of 'Manel' barley seedlings to water extracts of plant components from 'Rihane' barley. Vertical bars indicate least significant difference (p ¼ 0.05) between extracts across all growth stages (Feekes scale).

CONCLUSIONS

Our study confirms that barley is an allelopathic crop as reported previously (7). However, we demonstrated for the first time that barley exhibits autotoxicity with a differential response among varieties. The allelopathic potential varies i) among plant components of barley plant, as shown for sorghum (10), and ii) with growth stage, as reported for alfalfa (17). Using a barley variety as the indicator species, radicle growth was more sensitive than coleoptile growth, especially as the donor variety ('Rihane') approached maturity. Consequently, we suggest that barley should be considered as a "high-risk crop" for potential allelopathic effects in a barley-barley cropping sequence, especially if above-ground plant residues remain in the field after harvest.

REFERENCES

1. Putnam, A.R.; Duke, W.B. Allelopathy in Agroecosystems. Annu. Rev. Phytopathol. 1978, 16, 431–451.
2. Hegde, R.S.; Miller, D.A. Allelopathy and Autotoxicity in Alfalfa: Characterization and Effects of Preceding Crops and Residue Incorporation. Crop Sci. 1990, 30, 1255–1259.
3. Miller, D.A. Allelopathy in Forage Crop System. Agron. J. 1996, 88, 854–859.
4. Hall, M.H.; Henderlong, P.R. Alfalfa Autotoxic Fraction Characterization and Initial Separation. Crop Sci. 1989, 29, 425–428.
5. Read, J.J.; Jensen, E.H. Phytotoxicity of Water-Soluble Substances from Alfalfa and Barley Soil Extracts on Four Crop Species. J. Chem. Ecol. 1989, 15, 619–628.
6. Chung, I.M.; Miller, D.A. Differences in Autotoxicity among Seven Alfalfa Cultivars. Agron. J. 1995, 87, 596–600.
7. Cochran, V.L.; Elliott, L.F.; Papendick, R.I. The Production of Phytotoxins from Surface Crop Residues. Soil Sci. Soc. Am. J. 1977, 41, 903–908.
8. Bowmick, P.C.; Doll, J.D. Corn and Soybean Response to Allelopathic Effects of Weed and Crop Residues. Agron. J. 1982, 74, 601–606.
9. Hicks, S.K.; Wendt, C.W.; Gannaway, J.R.; Baker, R.B. Allelopathic Effects of Wheat Straw on Cotton Germination, Emergence and Yield. Crop Sci. 1989, 29, 1057–1061.
10. Ben-Hammouda, M.; Kremer, R.J.; Minor, H.C. Phytotoxicity of Extracts from Sorghum Plant Components on Wheat Seedling. Crop Sci. 1995, 35, 1652–1656.
11. Waniska, R.D.; Ring, A.S.; Doherty, C.A.; Poe, J.H.; Rooney, L.W. Inhibitors in Sorghum Biomass during Growth and Processing into Fuel. Biomass 1988, 15, 155–164.
12. Robert, K.M.; Walker, A.J. An Introduction to the Physiology of Crop Yield; John Wiley & Sons: New York, 1989.
13. SAS Institute. SAS User's Guide: Statistics, Version 6.0; SAS Inst. Inc.: Cary, NC, 1985.
14. Steel, R.G.D.; Torrie, J.H. Principles and Procedures of Statistics, 2nd Ed.; McGraw-Hill: New York, 1980.
15. Guenzi, W.D.; McCalla, T.M.; Norstad, F.A. Presence and Persistence of Phytotoxic Substances in Wheat, Oat, Corn and Sorghum Residues. Agron. J. 1967, 59, 163–165.
16. Ben-Hammouda, M.; Ghorbal, H.; Kremer, R.J.; Oueslati, O. Allelopathic Effects of Barley Extracts on Germination and Seedling Growth of Bread and Durham Wheats. Agronomie 2001, 21, 65–71.
17. Guenzi, W.D.; Kher, W.R.; McCalla, T.M. Water-Soluble Phytotoxic Substances in Alfalfa Forage: Variation with Variety, Cutting, Year and Stage of Growth. Agron. J. 1964, 56, 499–500.

Crop/ Forage/ Soil Management/ Grassland Utilisation

Laboratoire de Physiologie de la Production Végétale, Ecole Superieure d'Agriculture du Kef, Kef, Tunisia

Barley Autotoxicity as Influenced by Varietal and Seasonal Variation

O. Oueslati, M. Ben-Hammouda, M. H. Ghorbal, M. Guezzah, and R. J. Kremer

Authors addresses: Dr O. Oueslati and Dr M. Ben-Hammouda, Laboratoire de Physiologie de la Production Vegetale, Ecole Superieure d' Agriculture du Kef, Kef, Tunisia; Dr M. H. Ghorbal and Dr M. Guezzah, Faculte des Sciences de Tunis, Tunis, Tunisia; Dr R. J. Kremer (corresponding author; e-mail: KremerR@missouri.edu), US Department of Agriculture, Agricultural Research Service, Cropping Systems and Water Quality Unit, Columbia, MO, USA

With 2 figures and 4 tables

Received April 6, 2004; accepted June 20, 2004

Abstract
Barley (*Hordeum vulgare* L.) is widely cultivated in the semi-arid region of Tunisia for grain production and grazing, which often occurs during the same season. We previously demonstrated autotoxic effects of barley among varieties. The present study was conducted to test the effects of barley variety and seasonal variation on the expression of autotoxicity by barley. Four barley varieties were grown in a field experiment over three growing seasons (1999-2000, 2000-01, 2001-02). In the laboratory, germination and seedling growth bioassays were used to assess autotoxicity potential of field-harvested barley. Barley autotoxicity was fully expressed based on inhibition of radicle growth detected in seedling bioassays. Stems were often the most allelopathic plant component. Allelopathic activity of the barley varieties differed across growing seasons suggesting the influence of a seasonal effect due to the extent of water deficit during the dry season and monthly rainfall variability. The results suggest that when planning to integrate barley within cropping sequences, barley producers should carefully select appropriate barley varieties to minimize autotoxicity, which can be more severe under drought conditions.

Key words: allelopathy — autotoxicity — barley variety — growing season — plant extracts — seedling bioassays

Introduction
Allelopathy is an interference mechanism based on any direct or indirect effect (primarily inhibitory) by one plant on another through the release of chemicals that escape into the environment (Aldrich and Kremer 1997). Numerous plants possess allelopathic properties, including the crops wheat (*Triticum aestivum* L.) (Wu et al.

2001), sorghum (*Sorghum bicolor* (L.) Moench) (Ben-Hammouda et al. 1995), and rye (*Secale cereale* L.) (Raimbault et al. 1990) and the weed giant foxtail (*Setaria faberii* Herrm.) (Bell and Koeppe 1972), yellow nutsedge (*Cyperus esculentus* L.) Drost and Doll 1980) and *Amaranthus* spp. (Connick et al. 1989). Rye and wheat residues can be managed to suppress weed emergence and seedling growth in the field (Blum et al. 1997). Aqueous extracts of oat (*Avena sativa* L.) and barley plants reduced germination and root growth of the winter annual weeds downy brome (*Bromus tectorum* L.), flixweed (*Descurainia sophia* L. Webb), and stinkweed (*Thlapsi arvense* L.) (Moyer and Huang 1997). Water extracts of oat shoots contain phytotoxic concentrations of L-tryptophan that inhibit germination and radicle and hypocotyl growth of lettuce (*Lactuca sativa* L.) in laboratory bioassays (Kato-Noguchi et al. 1994). The allelopathic potential of maize (*Zea mays* L.) is attributed to the allelochemical, benzoxazolinone, which inhibited root and shoot growth of oat and ryegrass (*Lolium multiflorum*) (Kato-Noguchi et al. 1998).

Allelochemicals produced by barley reduced radicle length and vigour of radicle tips of white mustard (*Sinapis alba* L.) (Liu and Lovett 1993). Read and Jensen (1988) reported that extracts of soil with incorporated barley residues reduced seedling length and dry weight of alfalfa (*Medicago sativa* L.), winter wheat and radish (*Raphanus sativa* L.). Barley residue extracts were also allelopathic towards durum and bread varieties of wheat (Ben-Hammouda et al. 2001).

Barley is an important cereal crop in Tunisia. It is grown for grain and pasture for livestock, frequently for both purposes during the same growing season. Farmers typically produce continuous barley crops under rain-fed or irrigated conditions as long as a net economic gain is realized. We recently reported that some barley varieties grown in Tunisia were allelopathic towards other barley varieties, a condition known as autotoxicity (Ben-Hammouda et al. 2002). Barley autotoxicity may depress grain yields under continuous cropping of barley. Most farmers in Tunisia practise direct drilling into cereal residues, therefore, unexpected grain yield declines due to continuous cropping may be avoided by increasing awareness of potential barley autotoxicity (Tollenaar et al. 1993, Christian et al. 1999). The present work was undertaken to determine the variability in allelopathic potential of barley varieties affected by growing season conditions.

Materials and Methods

Field experiment

Four barley varieties ('Manel', 'Martin', 'Esperance', 'Rihane') were grown at the Experimental Station of the Ecole Superieure d'Agriculture du Kef (Tunisia) during three growing seasons (1999–2000, 2000–01, 2001–02). The experimental site was located in the semi-arid zone of northern Tunisia on an alkaline (pH = 8.1) clay soil containing 2 % organic matter and classified as a Calcisol (Dekkers et al. 1998). Barley was sown at the equivalent rate of 120 kg ha^{-1}. Field plots consisted of six 10-m rows at 0.2-m row widths, arranged in a randomized complete block design with four replications per treatment (variety). Field plots were prepared with disc-harrow tillage and planted using a standard grain drill. In general, standard cultural practices for the semi-arid zone were followed that included planting in late November and harvesting in late May. Barley growth was monitored throughout the growing season; when severe wilting was observed, plots were supplied with 40 mm of water. Climatic data relative to the three growing seasons were collected from the neighbouring Boulifa/Kef meteorological station (Table 1).

Preparation of water extracts

Whole barley plants were randomly collected from field plots when grain reached physiological maturity. Plants were gently washed with distilled water, dried between two paper towels and separated into roots, leaves, stems and seeds. Except for seeds, plant components were chopped into 1-cm segments and dried at 50 C for 24 h. The extraction followed the procedure reported by Ben-Hammouda et al. (1995). Briefly, a 2.5-g sample of each plant component was suspended in 50 ml distilled water in a 500-ml flask, which was placed on a rotary shaker for 24 h at 200 rpm. Extracts were passed through cheesecloth, centrifuged at 2000 × g for 20 min, and filter-sterilized through a 0.2-μm membrane. Extracts were stored in sterile containers at 5 C prior to bioassay.

Bioassays of barley extracts

Extracts of barley were tested for phytotoxicity on seed germination and seedling growth using 'Manel' barley, a variety previously identified as highly sensitive to allelochemicals (Ben-Hammouda et al. 2002). Molten agar (1.2 %) was amended with plant extract (20 ml 1 l^{-1} agar); controls were non-amended agar. Germination and seed-ling growth bioassays followed procedures developed by Ben-Hammouda et al. (2001, 2002). Seeds were surface-sterilized with 5 % sodium hypochlorite followed by rinsing in sterile water, placed on agar plates, and incuba-

Table 1: Climatic data for three successive growing seasons (1999–2000, 2000–01, 2001–02) during barley production

	Rainfall (mm)			ETP (mm)			Water balance (mm)		
Month	1999/2000	2000/2001	2001/2002	1999/2000	2000/2001	2001/2002	1999/2000	2000/2001	2001/2002
November	124.6	13.5	37.0	214.0	46.1	141.8	−89.4	−32.6	−104.8
December	80.9	34.1	16.8	88.6	32.9	93.6	−7.7	1.2	−76.8
January	8.6	71.0	18.2	14.6	32.0	95.8	−6.0	39.0	−77.6
February	22.0	48.1	15.8	27.3	37.7	136.3	−5.3	10.4	−120.5
March	7.4	35.9	13.2	46.5	86.6	250.2	−39.1	−50.7	−237.0
April	33.4	28.4	35.1	73.4	96.7	193.4	−40.0	−68.3	−158.3
May	160.0	51.9	50.2	87.4	156.9	264.1	72.6	−105.0	−213.9
Total	436.9	282.9	186.3	551.8	488.9	1175.2	−114.9	−206.0	−988.9
Mean/mont	62.4	40.4	26.6	78.8	69.8	167.9	−16.4	−29.4	−141.3
CV (%)	97.3	45.8	53.0	84.0	66.6	41.5	−301.2	−169.4	−45.4

Source: Meteorological Station of Boulifa/Kef, adjacent to the experimental site.
ETP: Evatranspiration potential.

ted at 25 C for 35 h at which time germination was determined. For seedling bioassays, pre-germinated Manel barley seedlings (3 mm radicles) were placed on agar slants in test tubes and incubated at 25 C for 60 h. After incubation, the coleoptile and central radicle of each barley seedling were measured.

Data analysis

Germination and seedling growth bioassays were arranged as a completely randomized design with four repetitions. Data were subjected to analysis of variance using SAS (SAS Institute 1985). Treatments with a significant main effect were separated using Fisher' s protected LSD (P < 0.05) (Steel and Torrie 1980). Using the average of individual plant component effects as a depression amplitude (DA), (DA = control−treatment/Control × 100), for making a single observation relative to one variety, it was possible to conduct a combined analysis of variety effects on barley autotoxicity across three growing seasons.

Results

Germination bioassays

Of the four barley varieties ('Manel', 'Martin', 'Esperance', 'Rihane') tested during the first growing season (1999–2000), plant component extracts of 'Manel' and 'Esperance' significantly affected barley seed germination (Table 2). However, seed germination was not significantly affected by extracts of any tested variety sampled in the two subsequent growing seasons. Therefore, as shown previously (Ben-Hammouda et al. 2001, 2002), the germination bioassay did not appear to be a sensitive test for detecting autotoxic effects of barley plant extracts.

Seedling growth bioassys

Extracts of barley plant components significantly affected coleoptile growth, but the magnitude of the effects was inconsistent (Table 2). In contrast, plant extract effects on radicle growth were very highly significant ($P < 0.001$) over all test barley varieties and all growing seasons. Therefore, the present report emphasizes seedling growth response to water extracts based on seedling radicle length. Plant component extracts of all four varieties inhibited 'Manel' barley radicle growth (Table 2); extracts of stems were most allelopathic in 75 % of the bioassays (Table 3). The level of radicle growth inhibition by plant extracts was similar during both 1999–2000 and 2000–01 growing seasons. The severe water deficit during the 2001–02 growing season (Table 1) seemed to decrease allelopathic activity; all barley plant components significantly inhibited radicle growth but to a lesser extent compared with previous seasons (Table 4). Water deficits were 114.9, 206.0 and 988.9 mm, respectively, for the 1999–2000, 2000–01 and 2001–02 growing seasons (Table 1). In semi-arid zones, barley growth and grain yield is influenced by a consistent, monthly rainfall pattern. The relative even distribution of rainfall during the 2000–01 growing season appears to have contributed to the greater barley autotoxicity compared with the other growing seasons (Fig. 1).

The main effect due to variety was significant (Table 4), however, only 'Rihane' significantly inhibited radicle growth of 'Manel' independently of growing season (Fig. 2). The depressive effect of 'Rihane' on seedling growth was not stable because a significant interaction between growing season and variety was detected (Table 4).

Discussion

Bioassays based on radicle growth were more sensitive in detecting allelopathic inhibition than were bioassays of coleoptile growth (Table 3),

Table 2: Treatment mean squares for germination, radicle and coleoptile growth of 'Manel' barley seedling assayed against plant components of four barley varieties collected over three growing seasons

1999–2000	3.80*	7.41***	0.09*	1.33	7.25***	0.02	8.68***	4.99***	0.11*	5.83	1.07**	0.03
2000–01	0.20	11.26***	0.09***	0.55	6.61***	0.20**	1.58	8.64***	0.31**	0.93	10.57***	0.17*
2001–02	0.25	8.87***	0.30*	7.6	6.77***	0.09***	1.87	7.48***	0.11*	2.50	9.19***	0.73***

Significantly different from control at *$P < 0.05$, **$P < 0.01$ and ***$P < 0.001$ (remaining values are not significant).
G, germination; RL, radicle length; CL, coleoptile length.

Table 3: Effects of water extracts of plant components from four barley varieties collected over three growing seasons on radicle growth of 'Manel' barley seedlings

Treatment	Radicle growth (mm)											
	'Manel'			'Martin'			'Esperance'			'Rihane'		
	1999-2000	2000-01	2001-02	1999-2000	2000-01	2001-02	1999-2000	2000-01	2001-02	1999-2000	2000-01	2001-02
Control	4.58 a	5.05 a	9.98 a	4.13 a	3.85 a	5.70 a	3.95 a	4.60 a	5.03 a	3.88 a	4.68 a	4.98 a
Root extract	1.83 b	1.28 c	2.83 c	1.08 b	0.80 c	3.28 bc	1.63 b	1.80 b	3.70 b	3.50 a	0.90 c	2.20 c
Leaf extract	1.68 bc	1.25 c	2.83 c	1.03 b	1.25 b	2.90 cd	1.58 b	1.58 bc	2.95 b	2.83 b	0.90 c	1.63 cd
Stem extract	1.18 c	1.03 c	2.20 c	1.20 b	1.05 bc	2.28 d	1.23 b	0.95 d	2.10 c	2.65 b	0.98 c	1.18 d
Seed extract	1.65 bc	2.03 b	3.90 b	1.18 b	0.90 c	3.73 b	1.48 b	1.25 c	1.55 c	2.90 b	2.03 b	3.25 b
LSD (P < 0.05)	0.615	0.49	0.88	0.51	0.26	0.66	0.68	0.46	0.78	0.58	0.50	0.64

Values followed by lower-case letters in a column represent a significant difference at P < 0.05.

Table 4: ANOVA of growing season and barley variety effects on radicle growth depression of 'Manel' barley seedlings

SV	df	SS	MS	F-value	P > F*
Total	47	1.2116			
Growing season	2	0.4384	0.2192	58.37	0.0001
Variety	3	0.1078	0.0359	9.57	0.0001
Growing season · variety	6	0.5301	0.0883	23.53	0.0001
Error	36	0.1352	0.0038		

*Significantly different at P < 0.001.

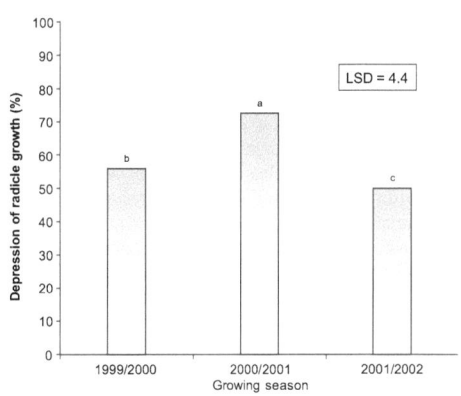

Fig. 1: Effect of growing season on radicle growth (% depression) of 'Manel' barley. Bars having the same letter are not significantly different at P < 0.05

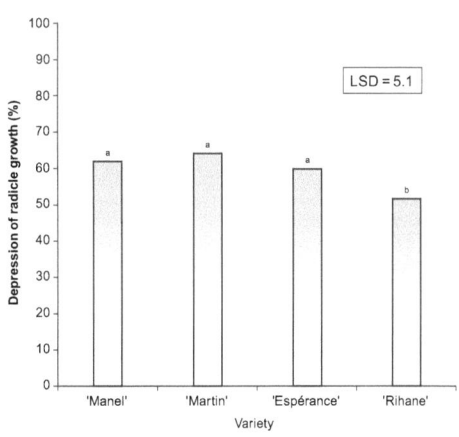

Fig. 2: Effect of variety on radicle growth (% depression) of 'Manel' barley. Bars having the same letter are not significantly different at P < 0.05

which agree with previous reports (Hedge and Miller 1990, An et al. 1996, Ben-Hammouda et al. 2002). Radicle growth bioassays detected differential allelopathic potentials of barley plant components similar to effects of sorghum plant components on wheat (Ben-Hammouda et al. 1995). In general, stem extracts were most inhibitory to radicle growth of barley. Similar results were reported for high allelopathic activity of stem extracts of alfalfa (Guenzi et al. 1964) and sorghum (Ben-Hammouda et al. 1995).

Based on the overall allelopathic potential of plant components, barley varieties differentially inhibited radicle growth of Manel barley seedlings. Varietal differences in allelopathic activity of other crops have been documented (Guenzi et al. 1967, Ebana et al. 2001). The present study demonstrates that the allelopathic potential of barley varieties not only differed by source of extract but also by growing season conditions (Fig. 1). The laboratory assays of field-collected barley plants indicated potential allelopathic activity under field conditions in Tunisia and suggested that different types and/or concentrations of allelochemicals may accumulate within the different varieties. Supporting information on effects of water availability during the growing season on allelopathic activity is limited. However, increased allelochemical content of *Calluna vulgaris* due to increasing seasonal water deficit has been reported (Brachet and Mousseau 1974). The extent of decreased cereal grain yields as a result of drought depends on the growth stage when water stress begins and the duration of water stress during the growing season (Ozturk and Aydin 2004). Allelopathic activity combined with water stress at critical plant growth stages may magnify yield decreases in barley grain yields.

Conclusion

This study demonstrated that the autotoxic potential of barley grown under rain-fed conditions in a semi-arid zone varied among varieties and between plant components, and across growing seasons, suggesting that the allelopathic potential of barley as a physiological trait is controlled by the growth environment. Laboratory assays using 'Manel' barley as the indicator species effectively detected potential autotoxic activity among barley varieties, which may be valuable in predicting whether a particular variety will affect the growth of other barley varieties in subsequent seasons in the same field. Consequently, barley producers who rely on a barley–barley cropping sequence must sow the least autotoxic variety prior to the most tolerant one, if market prices favour a profitable economic return. Barley should be considered a high allelopathic risk in a barley–barley cropping sequence, especially in the semi-arid zone, which is generally characterized by periods of severe water deficits during the growing season.

References

Aldrich, R. J., and R. J. Kremer, 1997: Principles in Weed Management, pp. 203—231. Iowa State University Press, Ames, IA.

An, M., J. E. Pratley, and T. Haig, 1996: Differential phytotoxicity of *Vulpia* species and their plant parts. Allelopathy J. 3, 185—194.

Bell, D. T., and D. E. Koeppe, 1972: Noncompetitive effect of giant foxtail on the growth of corn. Agron. J. 64, 321—325.

Ben-Hammouda, M., R. J. Kremer, and H. C. Minor, 1995: Phytotoxicity of extracts from sorghum plant components on wheat seedlings. Crop Sci. 35, 1652—1656.

Ben-Hammouda, M., H. Ghorbal, R. J. Kremer, and O. Oueslati, 2001: Allelopathic effects of barley extracts on germination and seedlings growth of bread and durum wheat. Agronomie 21, 65—71.

Ben-Hammouda, M., H. Ghorbal, R. J. Kremer, and O. Oueslati, 2002: Autotoxicity of barley. J. Plant Nutr. 25, 1155—1161.

Blum, U., L. D. King, T. M. Gerig, M. E. Lehman, and A. D. Worsham, 1997: Effects of clover and small grain cover crops and tillage techniques on seedling emergence of some dicotyledonous species. Am. J. Altern. Agric. 12, 146—161.

Brachet, J., and M. Mousseau, 1974: Influence de la carence hydrique sur la teneur en composes phenoliques de la *Calluna vulgaris* L. Physiol. Veg. 12, 123—133.

Christian, D. G., E. T. G. Bacon, D. Brockie, D. Glen, R. J. Gutteridge, and J. F. Jenkyn, 1999: Interactions of straw disposal methods and direct drilling of cultivations on winter wheat (*Triticum aestivum*) grown in a clay soil. J. Agric. Eng. Res. 73, 297—309.

Connick, W. J., J. M. Bradow, and M. Legendre, 1989: Identification and bioactivity of volatile allelochemicals from amaranth residues. J. Agric. Food Chem. 37, 792—796.

Dekkers, J. A., F. O. Nachtergaele, and O. C. Spaargaren, 1998: World Reference Base for Soil Resources. Acco Publishers, Leuven, Belgium.

Drost, D. C., and Doll, J. D., 1980: The allelopathic effect of yellow nutsedge on corn and soybeans. Weed Sci. 28, 229—233.

Ebana, K., W. Yan, R. H. Dilday, H. Namai, and K. Okuno, 2001. Variation in the allelopathic effect of rice with water soluble extract. Agron. J. 93, 12—16.

Guenzi, W. D., W. R. Kehr, and T. M. McCalla, 1964: Water soluble phytotoxic substances in alfalfa forage: variation with variety, cutting, year and stage of growth. Agron. J. 56, 499—500.

Guenzi, W. D., W. R. Kehr, T. M. McCalla, and F. A. Norstadt, 1967: Presence and persistence of phytotoxic substances in wheat, oat, corn and sorghum residues. Agron. J. 20, 163—165.

Hedge, R. S., and D. A. Miller, 1990: Allelopathy and autotoxicity in alfalfa: characterization and effects of preceding crops and residue incorporation. Crop Sci. 30, 1255—1259.

Kato-Noguchi, H., S. Kosemura, S. Yamamura, J. Mizutani, and K. Hasegawa, 1994: Allelopathy of oats. I. Assessment of allelopathic potential of oat shoots and identification of an allelochemical. J. Chem. Ecol. 20, 309—314.

Kato-Noguchi, H., S. Kosemura, and S. Yamamura, 1998: Allelopathic potential of 5-chloro-6-methoxy-2-benzoxazoline. Phytochemistry 48, 433—435.

Liu, D. L., and J. V. Lovett, 1993: Biologically active secondary metabolites of barley. II. Phytotoxicity of barley allelochemicals. J. Chem. Ecol. 19, 2231—2244.

Moyer, J. R., and H. C. Huang, 1997: Effects of aqueous extracts of crop residues on germination and seedling growth of ten weed species. Bot. Bull. Acad. Sin. 38, 131—139.

Ozturk, A., and F. Aydin, 2004: Effect of water stress at various growth stages on some quality characteristics of winter wheat. J. Agron. Crop Sci. 190, 93—99.

Raimbault, B. A., T. J. Vyn, and M. Tollenaar, 1990: Corn response to rye cover crop management and spring tillage systems. Agron. J. 82, 1088—1093.

Read, J. J., and J. H. Jensen, 1988: Phytotoxicity of water-soluble substances from alfalfa and barley soil extracts on four crop species. J. Chem. Ecol. 15, 619—628.

SAS Institute, 1985: SAS User's Guide:statistics, Version 6.0. SAS Inst. Inc., Cary, NC.

Steel, R. G. D., and J. H. Torrie, 1980: Principles and Procedures of Statistics, 2nd edn. McGraw-Hill Book, New York.

Tollenaar, M., M. Mihajlovic, and T. J. Vyn, 1993: Corn growth following cover crops: Influence of cereal cultivar, cereal removal, and nitrogen rate. Agron. J. 85, 251—255.

Wu, H., T. Haig, J. Pratley, D. Lemerle, and M. An, 2001: Allelochemicals in wheat (*Triticum aestivum* L.) variation of phenolic acid in shoot tissues. J. Chem. Ecol. 27, 125—135.

Role of phenolic acids in expression of barley (*Hordeum vulgare*) autotoxicity

O. OUESLATI[1], M. BEN-HAMMOUDA[1], M. H. GHORBEL[2], M. EL GAZZEH[2] and R. J. KREMER[3]*

Laboratoire de Physiologie de la Production Végétale,
Ecole Supérieure d'Agriculture du Kef (ESAK), Kef, Tunisia.
E. Mail: KremerR@missouri.edu

(Received in revised form: October 25, 2008)

ABSTRACT

The role of phenolic acids in autotoxicity of four barley (*Hordeum vulgare* L.) varieties was investigated using radicle growth bioassays and analytical techniques. Total phenolic content of barley plant components varied within and between varieties during the 1999-2002 growing seasons. Inhibition of barley radicle growth was positively correlated with total phenolics depending on growing season and variety. Only total phenolic content of barley stems contributed significantly to barley autotoxicity. Concentrations of five phenolic acids differed in all plant components, among barley varieties and growing seasons. Ferulic acid and vanillic acid occurred least and most frequently in barley plant tissues, respectively. *p*-hydroxybenzoic acid, syringic acid, and *p*-coumaric acid were positively associated with barley autotoxicity ($r \geq 0.31$). Inhibition was significantly correlated with total phenolics, although other allelochemicals could also contribute to barley autotoxicity. Variations in total phenolics and phenolic acid composition over growing seasons may indicate a strong impact of climatic conditions on phenolic accumulation in barley plants.

Key words: Autotoxicity, barley, phenolic acids, total phenolics.

INTRODUCTION

Phenolic compounds form a large group of naturally occurring and chemically diverse substances widely distributed among plants. Characterized by the presence of an aromatic ring with one or more hydroxyl groups, phenolics include alkaloids, flavonoids, terpenoids, and glycosides (1). The most important groups of phenolics are flavonoids, phenolic acids and polyphenols, commonly known as tannins (18). Phenolics are secondary metabolites, primarily synthesized through the shikimate metabolic pathway (27). Phenolic acids contribute to the allelopathic expression in numerous crops, including sorghum (*Sorghum bicolor* L. Moench) (4), wheat (*Triticum aestivum* L.) (3,28,31), oat (*Avena sativa* L.) (3), and rice (*Oryza sativa* L.) (24).

Phenolic acids as potential allelochemicals have been identified in numerous crop and weed species. For example, wheat and barley residues typically release ferulic acid (25). Eight phenolic acids (*trans*-cinnamic, salicylic, ferulic, chlorogenic, *p*-hydroxybenzoic, protocatechuic, *p*-coumaric, vanillic) were identified in spring barley

---

[*]Correspondence author; [2] Faculté des Sciences de Tunis, Tunisie; [3] USDA-ARS, Cropping Systems Research Unit and Department of Soil, Environmental & Atmospheric Sciences, 302 Natural Resources Building, University of Missouri, Columbia, MO 65211 USA

and oat tissues (13). Potential allelochemicals including benzoic acids (p-hydroxybenzoic, vanillic, protocatechuic) and cinnamic acids (coumaric, caffeic, ferulic, chlorogenic) were detected in aqueous extracts of 30 barley varieties (33). Seven phenolic acids (p-hydroxybenzoic, vanillic, cis-p-coumaric, syringic, cis-ferulic, trans-p-coumaric, trans-ferulic) were exuded by 17 day-old wheat seedlings into agar growth medium (29). Other allelochemicals including hydroxamic acid 2, 4-dihydroxy-7-methoxy-1,4-benzoxazin-3-1 were also detected (30). Wheat accessions differ significantly in the production of phenolic acids; those with high levels of total phenolic acids in shoot and root tissues are generally the most allelopathic (28, 31). Highly allelopathic accessions exuded high concentrations of allelochemicals into the growth medium (29). Sorghum root exudates containing p-hydroxybenzoic, vanillic and syringic acids may enhance overall allelopathic potential in the field when residues on the soil surface or are incorporated by tillage (4).

Increased nutrient availability to two winter wheat cultivars lowered the concentration of phenolic compounds in the plants (11). However, water stress increased phenolic accumulation in maize plant tissues (23). Allelopathy is strongly coupled with a variety of crop environmental stresses such as high temperature and insect damage that enhance the potential for crop interference through increased production of allelochemicals (8). In barley, phenolic-based allelochemical content was influenced more by growth conditions than by variety (14). Temperature and nitrate availability increase gramine content in leaves, which contributes to self-defence mechanisms in barley varieties that exhibit resisiance to aphid (*Aphis* spp.) attack (10, 7, 20). Secondary metabolites such as gramine and hordenin play a role in barley allelopathic potential and its defence against fungal pathogens (*Drechslera teres*) and armyworm (*Mythimna convecta*) larvae. Gramine, an indole protoalkaloid was identified in leaves of two sub-species (*H. vulgare* ssp. *vulgare*; *H. vulgare* ssp. *spontaneum*) of barley (32). Gramine is also released through roots and may aid barley in overcoming competitive effects of weeds such as white mustard (*Brassica hirta* Moench) (20).

The present work investigated the potential role of phenolics in the expression of barley auto-toxicity for two reasons: (i) phenolics as allelochemicals occur in several cereal crops and (ii) the concentration and effectiveness of phenolic compounds in barley tissues may be influenced by changes of environmental factors. Therefore, we focussed on the contribution of phenolic acid content to the allelopathic potential of barley, and investigated the presence and role of five phenolic acids for assessing differential allelopathic potential among plant components of four barley varieties during three growing seasons in Tunisia.

MATERIALS AND METHODS

Four local varieties ('Manel', 'Martin', 'Espérance', 'Rihane') of barley were cropped in a randomized complete block design (RCBD) with 4 replications over 3 growing seasons (1999/00, 2000/01, 2001/02) at the Experimental Station of Ecole Supérieure d'Agriculture du Kef (ESAK) located in the semi-arid zone of Tunisia, on a clay soil with a pH of 8.1 and 2% organic matter. Mature plants of barley, free of disease symptoms and insect infestation, were randomly collected from plots. Roots were washed with tap water to remove the soil and whole plants were stored for one week in the dark at ≤5°C until extraction.

Extraction of Plant Tissues

Barley plants were gently washed with distilled water, blotted between two paper towels, and then separated into roots, leaves, stems, and grain. Except for grain, all plant components were chopped into 1-cm long pieces and dried at 50°C for 24 h, then extracted following the procedure described by Ben-Hammouda et al. (4).

Bioassays

To evaluate the inhibitory potential of 4 barley varieties, 'Manel' was chosen as the assay specie due to its high sensitivity to allelochemicals (6). Water-extracts of the 4 varieties were tested by radicle growth bioassay following the procedure described by Ben-Hammouda et al. (5). Radicle growth inhibition was calculated as: [(Control - Treatment)/Control × 100].

Determination of Total Phenolics

The Folin-Denis method was used for total phenol analysis (2), with tannic acid as the standard. Folin-Denis reagent is a mixture of 10 g of sodium tungstate, 2 g of phosphomolybdic acid and 5 ml of phosphoric acid in 75 ml of distilled water that was refluxed for 2 h, cooled, and diluted to 100 ml with distilled water. The assay for total phenolic content followed the procedure of Makkar (22): saturated sodium carbonate was prepared by adding 40 g of sodium carbonate to 150 ml of distilled water, dissolving for 1 h in the dark and adjusting to 200 ml; tannic acid standard solution was prepared by dissolving 50 mg of tannic acid in 100 ml of distilled water. Aliquots of 0, 20, 40, 60, 80 and 100 µl of standard tannic acid solution were dispensed into tubes containing 0.5 ml Folin-Denis reagent and 2.5 ml saturated sodium carbonate solution. Standards were diluted to 4 ml with distilled water and quickly shaken, incubated in the dark at room temperature for 35 min, and absorbance determined spectrophotometrically at 750 nm (2). For barley plant extracts, 0.5 ml Folin-Denis reagent and 2.5 ml saturated sodium carbonate were combined with 1 ml of the water extract. Absorbance was determined and the total phenolic content was estimated by using the standard curve derived with the tannic acid standards. Total phenolic content was expressed as µg of tannic acid equivalents. For barley water extracts, tannic acid equivalents were multiplied by 20, based on an extraction ratio of 1:20 (w/w), to yield units in µg of tannic acid equivalents per g of barley tissue.

Qualitative and Quantitative Analysis of Phenolic Acids

Water extracts of barley plants used to estimate total phenolics were analyzed for p-hydroxybenzoic (POH), vanillic (VAN), syringic (SYR), p-coumaric (PCO), and ferulic (FER), which are associated with allelochemical contents of several cereal crop plants including wheat (28, 31) and sorghum (4). Prior to analysis, water extracts were filtered through a 0.45-µm sterile membrane. The filtered crude water extracts were analyzed for phenolic acids using a Shin-pack CLC (M-ODS) HPLC system, with two pumps operating at a 0.7 ml/min flow rate and a UV detector set at 280 nm. Separation of phenolic acids was performed on a C18 reversed-phase column (4.6 × 250 mm). The mobile phase was

0.1% phosphoric acid in 70% acetonitrile. Quantification of the individual phenolic acids was managed by a calibrated computerized package.

Data Analysis

Analyses of variance were conducted on bioassay results and means were separated using Fisher's protected LSD at 0.05 level of probability (α). Regression of radicle growth inhibition on total phenolic content and individual phenolic acids was carried out with plant component, variety and growing season as qualitative variables. When necessary, data transformation of the independent variable was conducted to reach an acceptable level of probability.

RESULTS AND DISCUSSION

Extracts of all plant components of four tested varieties substantially reduced the seedling radicle growth compared to water control (without plant extract). Across all three growing seasons, the stem component (across varieties) and the 'Martin' variety (across sources of water-extracts) showed highest inhibitory activity than other barley varieties (Table 1). Total phenolic content was significantly ($\alpha = 0.05$) higher in all components of the 'Martin' variety and was highest in leaf and stem (Table 1).

Table 1. Growth inhibition (%) of seedling radicle of 'Manel' barley (assay variety) by water-extracts prepared from plant components (5 g tissue/100 ml) of four barley varieties. The respective total-phenolic contents of each plant component averaged over three growing seasons are presented for comparison with respect to growth inhibition.

Extract	Parameter	Barley variety				Means
		'Manel'	'Martin'	'Espérance'	'Rihane'	
Roots	RGI[a]	62.43 a[c]	64.63 a	48.57 b	48.50 b	56.03
	TPC[b]	31.57 c	75.25 a	59.68 b	23.84 c	47.59
Leaves	RGI	58.60 a	63.40 a	55.17 a	58.57 a	58.94
	TPC	441.80 a	443.4 / a	279.95 c	384.11 b	387.33
Stems	RGI	72.33 a	67.57 b	68.83 b	62.20 c	67.73
	TPC	159.73 b	182.88 a	130.61 c	126.13 c	149.84
Seeds	RGI	52.83 b	60.47 a	67.70 a	38.23 c	54.81
	TPC	12.91 b	20.11 a	3.84 c	5.81 c	10.67
Means	RGI	61.55	64.02	60.07	51.88	
	TPC	161.50	180.43	118.52	134.97	

[a] RGI, Radicle growth inhibition (%); [b] TPC, Total phenolic contents (μg of tannic acid equivalent/g of tissues); [c] Values within rows followed by the same letter do not significantly differ at $\alpha = 0.05$ based on Fisher's least significance test.

During the second growing season (2000/01) radicle inhibition (Y) correlated with total phenolics (TP) ($r=0.42$; $p<0.10$) as $(TP + 0.25)^{0.01}$, independent of variety and plant component as source of the water-extract. Within variety and independently of plant component and growing season, Y correlated ($r = 0.56$; $p<0.06$) with TP only for 'Rihane'.

Allelochemicals other than phenolic acids may also be involved in growth suppression. Two alkaloids (hordenine, gramine) responsible for the allelopathic potential of barley (12, 19) may have caused the growth inhibition. Sorgholeone (p-benzoquinone), l-tryptophan, DIMBOA (2,4-dihydroxy-7-methoxy-1,4-benzoxazin-3-one) and DIBOA (2,4-dihydroxy-1,4-benzoxazin-3-one) play roles in allelopathy of sorghum (9), oat (15, 16), wheat (30) and maize (*Zea mays* L.) (17). The autotoxic potential of barley is apparently associated with concentrations of specific phenolic acids rather than with total phenolic content. This is very similar to the findings of Ben-Hammouda *et al.* (4), in which sorghum allelopathy to wheat was related to specific phenolic acids.

Multiple regression of Y on TP (X_1 = TP) as the quantitative variable and the source of phenolics (X_2 = roots, X_3 = leaves, X_4 = stems, X_5 = seeds) as qualitative variables showed that stems were the sole significant variable in the best fitting model. Significant parameters in the corresponding equation were: β_0 = 56.6 and β_4 = 11.1 (p < 0.05). Although leaves contained the highest total phenolic content, stem extracts were most inhibitory to radicle growth (Table 1). These results suggest that inhibition was associated with phenolic composition rather than the concentration of total phenolic compounds. Barley varieties also varied in total phenolic content across years, indicating the influence of variable growing conditions experienced during each growing season (Table 2).

Phenolic acid contents of plant components in all test varieties across 3-growing seasons (1999-2002) are given in Table 2. Three phenolic acids, POH, VAN, SYR were always present and were detected in different amounts in stem. Concentrations of individual phenolic acids varied widely in plant components within and among barley varieties and growing seasons (Table 2), which was problematic for statistical analyses. However, the data helped in deriving correlations between the seedling growth inhibition and phenolic content of plant component extracts (Table 3). Generally, concentrations of phenolic acids were higher in 2000/01 than 1999/2000 and 2000/02 seasons (Fig. 1a). This seemed to be related to the relatively dry season of 2000/01, as only 283 mm rain was received during the barley growing season (November-May). Independent of plant component, variety and growing season, the phenolic acids, POH, SYR, PCO, were positively correlated to radicle growth inhibition (Table 3). Vanillic and *o*-coumaric acids were also implicated by Baghestani *et al.* (3) as possible allelochemicals of barley. Inhibitory properties of phenolic acids originating from barley are similar to those from other cereal species, such as PCO in rice (24), POH, SYR, and PCO in sorghum (4) and in wheat (28,31).

Phenolic acid content differed greatly among plant components within and between barley varieties across growing seasons (Fig. 1b). Sorghum hybrids exhibit a similar pattern (4). Fluctuations in phenolic acid contents across growing seasons for the same variety are partially due to variations in climatic conditions experienced at the experimental sites where the test barley varieties were grown. This is in complete agreement with the results of Einhellig (8) who reported that the production of allelochemicals was dependent on the degree of environmental stress. The large variability in seasonal phenolic content among a set of sahelian sorghum genotypes was thought to be more due to climatic conditions than cropping and soil factors (26). The exudation of DIBOA by maize roots was influenced by the duration of light irradiation (17). Similarly, hordenine production by barley leaves was determined more by environmental conditions than genetic factors (21).

Table 2. Phenolic acid contents in plant components of four barley varieties during three growing seasons (1999/00 (GS-1), 2000/01 (GS-2), 2001/02 (GS-3))

Variety	Phenolic acid	Roots			Leaves			Stems			Seeds		
		GS-1	GS-2	GS-3	GS-1	GS-2	GS-3	GS-1	GS-2	GS-3	GS-1	GS-2	GS-3
Manel	p-Hydroxybenzoic acid	0.64	0.00	0.00	4.04	18.16	1.82	5.34	14.14	2.32	0.00	1.48	0.00
	Vanillic acid	0.16	0.46	0.00	7.02	17.42	3.26	5.30	19.28	5.24	0.00	1.62	0.22
	Syringic acid	0.02	0.00	0.00	0.02	6.76	3.08	3.20	1.80	14.94	0.00	0.38	0.04
	p-coumaric acid	0.02	0.00	0.00	0.08	2.26	0.42	0.66	1.18	5.36	0.00	0.70	0.00
	Ferulic acid	0.02	0.00	0.00	0.03	0.68	0.00	0.08	0.96	18.20	1.34	0.82	0.00
Martin	p-Hydroxybenzoic acid	0.46	11.90	0.00	2.28	24.92	0.72	0.62	14.22	1.66	0.00	1.00	0.00
	Vanillic acid	0.44	9.88	0.02	3.04	49.02	6.38	0.30	6.30	0.88	0.00	1.00	0.45
	Syringic acid	0.00	5.78	0.04	0.13	2.52	0.83	0.36	0.64	0.46	0.00	0.30	0.14
	p-coumaric acid	0.00	1.36	0.00	0.05	2.92	0.64	0.08	2.74	1.08	0.00	0.38	0.03
	Ferulic acid	0.00	0.50	0.00	0.03	11.08	0.00	0.08	1.96	20.40	0.00	0.04	0.00
Esperance	p-Hydroxybenzoic acid	0.20	3.48	0.02	0.63	0.26	3.50	6.54	6.90	1.68	0.00	0.02	0.00
	Vanillic acid	0.00	0.90	0.02	0.13	0.86	5.36	3.52	6.64	0.76	0.00	0.02	0.02
	Syringic acid	0.00	3.28	0.00	0.03	1.18	2.28	3.62	8.86	1.62	0.00	0.00	0.55
	p-coumaric acid	0.00	0.64	0.02	0.04	0.06	0.48	0.90	1.38	0.50	0.00	0.00	0.00
	Ferulic acid	0.00	0.22	0.00	0.00	0.06	0.00	0.54	0.16	26.60	0.00	0.04	0.14
Rihane	p-Hydroxybenzoic acid	.40	0.00	0.06	7.08	0.00	3.18	0.6	19.88	0.76	0.00	1.58	0.00
	Vanillic acid	.38	0.14	0.04	1.92	0.00	1.92	0.20	8.96	1.78	0.26	1.16	0.10
	Syringic acid	0.46	0.00	0.02	0.38	0.00	0.76	0.06	1.26	1.26	0.00	0.52	0.02
	p-coumaric acid	0.00	0.02	0.00	0.13	0.00	0.34	0.00	2.74	0.36	0.00	0.06	0.00
	Ferulic acid	0.00	0.02	0.00	0.03	0.00	2.66	0.00	1.06	28.76	0.00	0.18	0.00

* μg of tannic acid equivalents/g of dry weight tissue.

Table 3. Simple correlation coefficients and regression equations between barley radicle growth inhibition and individual phenolic acids extracted from plant components of four barley varieties, grown over three seasons

Phenolic acid	Correlation coefficient [a]	Regression equation
p-Hydroxybenzoic acid	0.31*	Y = 0.1041X − 2.7881
Vanillic acid	0.21[NS]	Y = 0.0989X − 2.2238
Syringic acid	0.25†	Y = 0.0392X − 0.8848
p-coumaric acid	0.30*	Y = 0.0179X − 0.4611
Ferulic acid	0.12[NS]	Y = 0.0182X − 0.4628

[a] df = 46; * Significant at the 0.05 probability level; † Significant at the 0.09 probability level; [NS] Not significant at the 0.05 probability level.

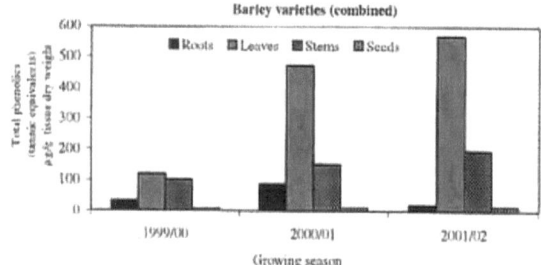

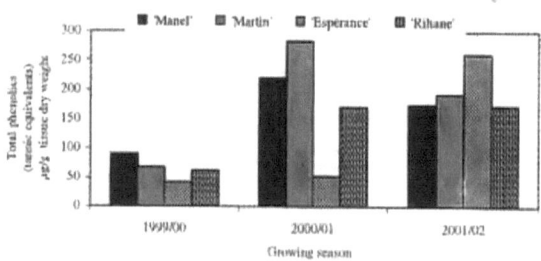

Figure 1. Total phenolics contents in plant components (a) in 4 barley varieties and (b) 3 growing seasons.

Autotoxic potential was not stable over time, indicating low genetic control of this trait. In fact a relatively dry growing season (2000/01) that contributed to the highest concentrations of phenolics in barley tissues, was the only season in which a significant relationship occurred between radicle growth inhibition and total phenolic content.

'Rihane' was the only variety to show barley autotoxicity and was significantly correlated with total phenolic content, suggesting that phenolic compounds play an essential role in the allelopathy of individual varieties. Since production of phenolic compounds appeared to be controlled largely by environmental changes, varieties characterized by relatively low autotoxic potential can be used in barley/barley cropping sequences, especially in conservation agriculture in which barley residues remain on the soil surface as mulch, which assures a net economic gain for farmers using this cereal grain production system.

CONCLUSIONS

Phenolic contents (primarily POH, SYR, PCO) partially explains the expression of barley autotoxicity. The most common phenolic acid (VAN) in barley tissues did not individually cause barley autotoxicity but may contribute synergistically with other phenolic acids.

ACKNOWLEDGMENTS

We wish to thank Agence Française de Développement and the Tunisian Research-Development Program for co-sponsoring the project "Direct Sowing" which supported the present work on phenolics and phytotoxic potential of barley residues. Thanks are extended to Pr. Sami SAYADI and Mr. Hedi ISSAOUI from the C.B.S (Centre de Biotechnologie, Sfax) for assistance with HPLC analysis, and to Dr. Hichem BEN SALEM from INRAT (Institut National de Recherche Agronomique de Tunis) for assistance with the total phenolic analyses.

REFERENCES

1. Appel, H.M. (1993). Phenolics in ecological interactions: The importance of oxidation. *Journal of Chemical Ecology* 19: 1521-1552.
2. A.O.A.C. (1990). Tannin. In: *Official Methods of Analysis of the Association of Official Analytical Chemists*. 15th ed.: Association of Official Analytical Chemists, Washington, D. C.
3. Baghestani, A., Lemieux, C., Leroux, G.D., Baziramakenga, R. and Simard, R.R. (1999). Determination of allelochemicals in spring cereal cultivars of different competitiveness. *Weed Science* 47: 498-504.
4. Ben-Hammouda, M., Kremer, R.J., Minor, H.C. and Sarwar, M. (1995). A chemical basis for differential allelopathic potential of sorghum hybrids on wheat. *Journal of Chemical Ecology* 21: 775-786.
5. Ben-Hammouda, M., Habib, G., Kremer, R.J. and Oueslati, O. (2001). Allelopathic effects of barley extracts on germination and seedling growth of bread and durum wheat. *Agronomie* 21: 65-71.
6. Ben-Hammouda, M., Habib, G., Kremer, R.J. and Oueslati, O. (2002). Autotoxicity of barley. *Journal of Plant Nutrition* 25: 1155-1161.
7. Corcuera, L.J. (1993). Biochemical basis for the resistance of barley to aphids. *Phytochemistry* 33: 741-747.
8. Einhellig, F.A. (1996). Interactions involving allelopathy in cropping systems. *Agronomy Journal* 88: 886-893.

9. Einhellig, F.A. and Souza, I.F. (1992). Phytotoxicity of sorgoleone found in grain sorghum root exudates. *Journal of Chemical Ecology* 8: 1-11.
10. Hanson, A.D., Ditz, K.M., Singletary, G.W. and Leland, T.J. (1983). Gramine accumulation in leaves of barley grown under high-temperature stress. *Plant Physiology* 71: 896-904.
11. Harder, L., Christensen, L.P., Christensen, B.T. and Brandt, K. (1998). Content of flavonoids and other phenolics in wheat plants grown with different levels of organic fertilizer. In: *2nd International Electronic Conference on Synthetic Organic Chemistry* (ECSOC-2).
12. Hoult, A.H.C. and Lovett, J.V. (1993). Biologically active secondary metabolites of barley. III. A method for identification and quantification of hordenine and gramine in barley by High-Performance Liquid Chromatography. *Journal of Chemical Ecology* 19: 2245-2254.
13. Hura, T., Dubert, F., Hochol, T., Stupnicka-Rodzynkiewicz, G., Stokłosa, A. and Lepiarczyk, A. (2004). The estimation of allelochemical potential of white mustard, buckwheat, spring barley, oat and rye by measuring the phenolic content in plants. In: *Proceedings, Second European Allelopathy Symposium*. Pulawy, Poland. Pp. 21-32.
14. Jacobsen, T. and Lie, S. (1974). Polyphenol protein interaction in barley. Part I. Regression analysis of polyphenol data. *Technical Quarterly of the Master Brewers Association of America* 11: 155-163.
15. Kato-Noguchi, H., Kosemura, S., Yamamura, S. and Hasegawa, K. (1994a). Allelopathy of oats. I. Assessment of allelopathic potential of extract of oat shoots and identification of an allelochemical. *Journal of Chemical Ecology* 20: 309-314.
16. Kato-Noguchi H. Mizutani, J. and Hasegawa, K. (1994b). Allelopathy of oats. II. Allelochemical effect of L-tryptophan and its concentration in oat root exudates. *Journal of Chemical Ecology* 20: 315-319.
17. Kato-Noguchi, H. (1999). Effect of light-irradiation on allelopathic potential of germinating maize. *Phytochemistry* 52: 1023-1027.
18. King, A. and Young, G. (1999). Characteristics and occurrence of phenolic phytochemicals. *Journal of American Dietic Association* 99: 213-218.
19. Liu, D.L. and Lovett, J.V. (1993a). Biologically active secondary metabolites of barley. I. Developing techniques and assessing allelopathy in barley. *Journal of Chemical Ecology* 19: 2217-2230.
20. Liu, D.L. and Lovett, J.V. (1993b). Biologically active secondary metabolites of barley. II. Phytotoxicity of barley allelochemicals. *Journal of Chemical Ecology* 19: 2231-2244.
21. Lovett, J.V., Hoult, A.H.C. and Christen, O. (1994). Biologically active secondary metabolites of barley. IV. Hordenine production by different barley lines. *Journal of Chemical Ecology* 20: 1945-1954.
22. Makkar, H.P.S. (2003). *Quantification of Tannins in Tree and Shrub Foliage. A Laboratory Manual*. Kluwer Academic Publishers. Dordrecht, The Netherlands.
23. Ricardi, F., Gazeau, P., De Vienne, D. and Zivy, M. (1998). Protein changes in response to progressive water deficit in maize. *Plant Physiology* 117: 1253-1263.
24. Rimando, A.M., Olofsdotter, M., Dayan, F.E. and Duke, S.O. (2001). Searching for rice allelochemicals: an example of bioassay-guided isolation. *Agronomy Journal* 93: 16-20.
25. Sancho, A. L. Bartolomé, B., Gomez-Cordoves, C., Williamson, G. and Faulds, C. B. (2001). Release of ferulic acid from cereal residues by barley enzymatic extracts. *Journal of Cereal Science* 34: 173-179.
26. Stoe, M., Galka, C. and Doré, T. (2001). Phenolic compound in a sahelian sorghum (*Sorghum bicolor*) genotype (CE 145-66) and associated soils. *Journal of Chemical Ecology* 27: 81-92.
27. Whittaker, R.H. and Feeny, P.P. (1971). Allelochemicals: Chemical interactions between species. *Science* 17: 757-770.
28. Wu, H., Haig, T., Pratley, J., Lemerle, D. and An, M. (2000). Allelochemicals in wheat (*Triticum aestivum* L.). Variation of phenolic acids in root tissues. *Journal of Agricultural and Food Chemistry* 48: 5321-5325.
29. Wu, H., Haig, T., Pratley, J., Lemerle, D. and An, M. (2001a). Allelochemicals in wheat (*Triticum aestivum* L.). Cultivar difference in the exudation of phenolic acids. *Journal of Agricultural and Food Chemistry* 49: 3142-3145.
30. Wu, H., Haig, T., Pratley, J., Lemerle, D. and An, M. (2001b). Allelochemicals in wheat (*Triticum aestivum* L.). Production and exudation of 2,4-dihydroxy-7-methoxy-1,4-benzoxazin-3-one. *Journal of Chemical Ecology* 27: 1691-1700.
31. Wu, H., Haig, T., Pratley, J., Lemerle, D. and An, M. (2001c). Allelochemicals in wheat (*Triticum aestivum* L.). Variation of phenolic acids in shoot tissues. *Journal of Chemical Ecology* 27: 125-135.
32. Yoshida, H., Tsumuki, H., Kanehisa, K. and Corcuera, L. J. (1993). Release of gramine from the surface of barley leaves. *Phytochemistry* 34: 1011-1013.
33. Yu, J., Vasanthan, T. and Temelli, F. (2001). Analysis of phenolic acids in barley by high-performance liquid chromatography. *Journal of Agricultural and Food Chemistry* 49: 4352-4358.

Oui, je veux morebooks!

i want morebooks!

Buy your books fast and straightforward online - at one of the world's fastest growing online book stores! Environmentally sound due to Print-on-Demand technologies.

Buy your books online at
www.get-morebooks.com

Achetez vos livres en ligne, vite et bien, sur l'une des librairies en ligne les plus performantes au monde!
En protégeant nos ressources et notre environnement grâce à l'impression à la demande.

La librairie en ligne pour acheter plus vite
www.morebooks.fr

OmniScriptum Marketing DEU GmbH
Heinrich-Böcking-Str. 6-8
D - 66121 Saarbrücken
Telefax: +49 681 93 81 567-9

info@omniscriptum.de
www.omniscriptum.de

Printed by Books on Demand GmbH, Norderstedt / Germany